講談社文庫

カラスの教科書

松原 始

講談社

本書について

この本は「カラスの教科書」である。自ら教科書を名乗るとはおこがましいが、たとえば自治体の担当者の方が「カラスの苦情多いんだよなー、ちょっと参考資料でも見るか」と手にとられても、一応、お役に立つであろう。

しかし、それにしてもカラス成分が高めである。それはカラス好きな人、カラスに興味を持っておられる人に「あー、そういうのあるある」「へー、こんなのあるんだー」と楽しんで読んで頂きたいと思ったからだ。つまり、カラスの強化書でもあるのだ。

そして「カラスってなんか怖い」「カラスなんか嫌いだ!」という方。お嫌いであれば仕方ないが、時には食わず嫌いという事もあるかもしれない。ちょっとお試しになって、カラスも実はカワイイかも? と思って頂ければ、カラス好きとしてはこれほど嬉《うれ》しいことはない。なんなら、そのまま深みにはまって頂いても一向に構わない。実はカラスの教化書である、かもしれない。

そして……これはカラス好きが好き勝手なことを書き連ねた、戯《ざ》れ歌《うた》のようなものでもある。だから、本当はカラスの狂歌書と書くのが一番正しい。

松原　始

もくじ

第一章　カラスの基礎知識

カー
トリセツ
とことん
わかり
やすい

第四章　カラスのQ&A

カラスの教科書

序　明日のために今日も食う

私は食べるのも、料理をするのも好きだ。仕事の帰り道は「今夜は何を食べよっかなー」と考えている。昨日買った豆苗《とうみょう》が残ってるな。そうそう、もやしが液状化してしまう前に食べ切らなければ。となると中華か。もやしは味噌汁《みそしる》でもいいが、豆苗と鶏肉と一緒に炒《いた》めて塩だれで。いやまて豆腐があるから、もやしを乗せて塩とごま油と糸唐辛子、となると買い物は駅前のスーパーでいいな。

などと考えながら、買い物途中に見つけたアジに惹《ひ》かれてメニュー変更というのもよくある話だ。アジはなめろうにし、豆苗は茹《ゆ》でてお浸《ひた》し、冷奴、もやしの味噌汁。洗いものをし、ひとつ風呂あびて寝て、起きて、朝飯を食って仕事に行き、昼飯を食い、仕事をし、さー今夜は何を食べよっかなーと考えながら家路につく。

人間は実によく食べる。日本人の成人男性は平均して毎日、２３００キロカロリーほど食べているらしい。そのうち半分以上が基礎代謝に費やされる。つまり、何ら活動せず寝ていただけでも、千何百キロカロリーかを消費してしまうのが人体だ。停車中でも物凄《ものすご》い勢いでエンジンを回している車みたいなものである。アイドリングストップの御時世に実にもったいない。

しかし、これは内温性の動物（いわゆる恒温動物）である以上は仕方のない事である。哺乳類《ほにゅうるい》は体温を常に高く保っているので、思い立ったら即フルパワーで行動できる。その代償として、基礎代謝のぶんまで食い続けなくてはならない。アイドリングと呼ぶにはいささか燃費が悪いが、これを止めたら明日は来ない。

これに比べると、外温性であるヘビは実に少食だ。アメリカのある研究者に「あなたの研究しているシンリンガラガラヘビ（体長1・5メートルほどになる）はどれくらい食べるのですか」と聞いた所、しばらく首をひねってから「状況によって全く違うが、1年にリスを2匹。おやつにネズミが2～3匹あれば足りるかなあ」との答えであった。寒い地域なので年の半分は冬眠しているとはいえ、数えるほどしか食事しない計算になる。毎日毎日、肉だ野菜だ魚だと食べ続ける人間より遥《はる》かに罪がない。食べたら食べたで、今度は消化するのが一仕事らしい。まず日光浴で体温を上げないと消化もままならないからである（ただし、好適な条件を保って成長や繁殖にじゃんじゃん栄養を使わせれば、もっとたくさん食べるので念のため)。

松本零士の描く「男おいどん」こと大山昇太は大四畳半の真ん中で「明日のために今日も寝る!」と宣言した。いつ起きんねん! とツッコミたいところだが、我々はみな、無駄を承知で「明日のために今日も食う」事を続けている。とは言え、ヒトはまだマシなのだ。代謝の活発な鳥類は体温が40度もあり、哺乳類以上のペースで餌《えさ》を食べないと死ぬ。しかもなるべく体を軽くしたいから、ちょっと食べては飛び、飛んで空腹になったらまた食べる。明日どころか、次の1時間のために今食べていると言ってもいいくらいだ。

そんな鳥たちにとって、食べるという行動はとても大事である。食べるためには餌を見つけ、そして餌を採らなくてはいけない。餌を捕獲したり、割ったりしなくてはならない場合もあるだろう。できなければ死ぬ。探し、手に入れ、食える状態にするために、その鳥に特有の行動があり、特有の形がある。干潟《ひがた》に群れるシギ類はピンセットのように細長いくちばしを泥の中に差し入れて振り回し、ゴカイやカニに触れた瞬間に先端部だけをヒョイと反り返らせて餌をくわえ、泥から引き抜く。あまりに特殊で繊細なくちばしは他の用途に転用しにくいから、何か別のものを食えと言われても困るだろう。しかも餌場である干潟は干潮の間しか使えないので、昼夜というより も干満を基準に行動することが多い。つまり夜だからといって寝ていられるとは限らない。もはや生きるために食べているのか、食べるために生きているのかわからない。

ところで、私は動物行動学が専門である。「何の研究をされているんですか」と聞かれて「野外で鳥を研究しているんです」と答えると、だいたいは「猛禽《もうきん》ですか」と言われる。「いやまあ、猛禽もいれば見ますけどね」と前置きしつつ「専門はカラスです」と答えると、大概の人は「えっ、カラス？」と驚く。驚かない人は知り合いである。なかには「カラスって、あのカラス？」と聞き返す人までいる。当たり前だ、他にどんなカラスがいる（学生の時、図書館の蔵書検索で調べたら一番たくさんヒットしたのが「マリア・カラス（※ソプラノ歌手）」で次が「ミル・マスカラス（※覆面レスラー）」だったのは内緒だ）。

どうやらカラスとはわざわざ見るほどのものではなく、まして研究者などいるわけがないと思われている節がある。あるいはカラスといえば被害防除の研究と早合点する方もいる。

冗談じゃない、あれほど面白くてカワイイ鳥はいないのだ。こんな興味深い鳥を見ないのは人生の楽しみを半分くらい損している。しかもどこにでもいるから、わざわざ探しに行く必要すらない。え？　カラスはお嫌いですか？　大丈夫、しばらく見ていれば好きにはならずとも、ちょっと興味が湧《わ》いて来ます。

考えてみてほしい。日常の中で、「お、これは」と思って目を留めるものがどれだけあるだろう？　地下鉄の中吊《なかづ》り広告なんか見飽きた。コンビニに行ってもどうせ同じような商品ばかり。どっかのアニメとコラボした缶コーヒー？　なんかイマイチだなー。鳥が好きだ！　という人でも、街を歩いていて見かけるのはスズメかドバトかカラス……ほら、カラスがいる。「カラスって面白いな」と思うようになれば、あっちのカラス、こっちのカラスを見ているだけで歩くのが楽しくなる。嫌な事があってもカラスが何かやらかしていれば「クスッ」と笑えてストレスがたまらない。探鳥会で飛んでいる鳥を見つけ、「あっオオタカ……ちぇっ、カラスかよ！」という時も、あなただけは「お、あのシルエットはハシブトガラスか。何かくわえてるな？」などと存分に楽しめる。ほら、人生勝ったも同然だ。

だがまあ、一般的に言って、カラスを観察している人はそんなに多くない。カラスは普通、嫌われている。百歩譲ってもイメージが良くない。大学で学生にアンケートをとると、大概は「怖い」「ゴミを荒らす」「襲われそう」といった印象を持たれている（稀《まれ》に「かっこいい」「かわいい」が混じるが、教室に烏天狗《からすてんぐ》が紛《まぎ》れ込んでいたに違いない）。東京都の新都市交通システムは湾岸らしく「ゆりかもめ」だが、これが新宿や池袋まで伸びたところで「はしぶとがらす」と名付けられることはないだろう。しかし、声を大にして言いたい。カラスは本当に面白い鳥なのである。

私がカラスを見るようになったのは、大学の卒業研究でカラスをテーマにしたからだ。そのまま大学院に進学し、修士・博士とカラスの採餌《さいじ》行動をテーマにして（博士課程までカラスで押し通した馬鹿は日本で私が初めてではないかと思う）、いまだにカラスの研究を続けている。卒業研究でカラスをやろうと思ったのは、当時、京都大学理学部・動物行動学研究室の助教授であった今福道夫先生が「こないだテレビで見たんだけど、カラスが女子供を馬鹿にするってのは本当かな」と仰《おっしゃ》ったからだが、カラスの話題になったのは、もともと私がカラス好きだったからだ。一体、いつからだろう？

思い出してみれば30年以上前に見たカラスの記憶がある。私の実家は奈良公園の近くにあり、夕方になると、たくさんのカラスが家の上空を通って、口々に「カア」

「カア」と鳴きながら春日《かすが》の森へと帰って行ったものだ。ある時、私は空に向かって「かあ！　かあ！」と鳴いてみた。すると、1羽か2羽のカラスが「カア」「カア」と鳴き返して来た。冷静に考えれば、こちらの鳴き真似《まね》とは関係なく自発的に鳴いたのかもしれない。だがその時から、私の中でカラスは「何となく面白い鳥」に格上げされた。あるいは、シートン動物記の「銀の星」を読んだせいも、あったかもしれない。

面白い奴らだなあ、と思って長く見ていると、大変かわいい鳥だとも思えてくる。そりゃ、京都の円山《まるやま》公園のベンチでひょいと横を見たらいつの間にかすぐ隣に舞い下りていたハシブトガラス、その初めて至近距離で見る巨大さ、そして何よりも鈍く鉛色に光るくちばしの凄みには、正直ギョッとしたけれども。

だからこそ、カラスが生物としてごく当たり前に振舞えば振舞うほど嫌われるという事実に対して、「いやちょっとはカラスの言い分も聞いてやろうよ」と言いたくなるのである。「カラスって、あのカラス？」と聞き返された次は、ほぼ間違いなく「カラスって○○ですけど、どうしたらいいんですか」などと尋ねられる。その都度、「いやそれはですね」と説明する。それが積もり積もってできたのが本書である。

さて、そんなカラスの日常の中心にも、もちろん、食うことがある。今日を生き抜き、明日へと向かうために、まず必要なのは餌だ。カラスの最大の特徴は、ありとあらゆるものを食べる雑食性という点である。ただ、その餌をどこでどうやって探すかは、実はカラスの中でも種類によって、また環境によって、少しずつ違う。その結果、行動や形にも違いが生じている。それは「食うための進化」だ。カラス類は形態的にはあまり特殊化していない鳥であるが、やはり体の大きさ、くちばし、脚などに生活史が表れると考えている。

さらに、餌の問題はカラスの社会構造にも影響を及ぼしているだろう。たとえばワタリガラスでは社会構造と採餌行動が不可分に結びついている。ミヤマガラスのようにしばしば集団で生活するカラス類もあるが、これも「みんなで一斉に食べても餌が枯渇しない」という前提が必要だろう。そして餌と社会は動物の知能に深く関わっている。例えば有名なハシボソガラスによるクルミ割り行動とか、ニューカレドニアガラスの道具使用は餌に直結した「賢さ」だし、ワタリガラスは非常に高度な社会的知能を持っていることが知られている。

また、カラスが腹を満たそうとする行動は、それを見ている人間によって時に神格化され、時に忌《い》み嫌われ、時に邪魔者扱いされてきた。カラスは数々の神話に登場し、しばしば神の使いやトリックスターを演じる。その一方で死の前兆として語られることもあるし、農業や狩猟の邪魔者として狩られる事もある。これはいずれもカラスの「餌を探し、餌を手に入れる」という行動がもたらしたものである。これはいずれもカラスと関わり続け、「邪魔者」「コワイ」などのイメージを持ち続けている。我々は今も毎朝のゴミ袋を巡る攻防戦や、繁華街で頭上を掠《かす》めるように飛び去るカラスに首をすくめることで。

だが、二枚貝に閉じ込められていた世界をカラスがこじ開けて天地を開闢《かいびゃく》して以来（北米先住民の創世神話）、電柱の上でカアと鳴く今に至るまで、カラス自身がやっている事は何一つ変わってはいない。これからも変わりはしないだろう。ただ、「明日のために今日も食う」だけである。

さて、それでは私も何か食べるとしよう。今日の昼飯はツナマヨネーズの惣菜《そうざい》パンだ。ところで研究室のサイドテーブルに誰かのお土産らしいクッキーが置いてあるのだが、カラス的には、当然、食べてもいいよね？

この本に登場するカラスたち

Sp.　ハシブトガラス

Corvus macrorhynchos japonensis

Loc:　東京都文京区本郷

Sp.　ハシボソガラス

Corvus corone orientalis

Loc:　京都市左京区下鴨泉川町

Sp.　コクマルガラス

Corvus dauuricus

Loc:　京都府久世郡久御山町市田

Sp. ワタリガラス

Corvus corax

Loc: 北海道斜里郡斜里町

Sp. オサハシブトガラス

Corvus macrorhynchos osai

Loc: 沖縄県八重山郡竹富町古見

Sp. ミヤマガラス

Corvus frugilegus

Loc: 京都市伏見区向島新田

第一章
カラスの基礎知識

カラスという鳥はいません

いや、いるんですけどね

大学の非常勤講師として鳥関係の講座を担当させてもらう事がある。こういうとき、話のツカミに「どんな鳥を知ってますか？」と学生に聞いてみる。小学生みたいに「ハイッ」と手を挙げて答えてはくれないが、「スズメ？　ツバメ？　カラス？　ハト？」とこちらから鳥を挙げてゆけば「うんうん」とうなずいてくれる。ああ、素直だなあ。トラップにきっちりはまってくれて。そこでニヤリと笑いながらこう言うのだ。

「はい、大体こんなところですかね。ところで、カラスという鳥はいません。ハトという鳥もいません」

もちろん、これは言葉遊びだ。だが、生物学的には「カラス」という種はなく、全て「アメリカガラス」「スンダガラス」「ムナジロガラス」など「何とかガラス」である。これが「ツバメ」「スズメ」との違いだ。ツバメは *Hirund rustica* という種、スズメは *Passer montanus* という種を指す標準和名でもある。やっかいなのはツバメというとツバメ科の鳥類全体とか、「ツバメ科だけど種まではわからない」場合を指す時もあることで、バードウォッチャーは「コシアカツバメやショウドウツバメではない、種名としてのツバメ」という意味で「ただツバメ」と呼ぶこともある。でないと「あ、ツバメ！」「何ツバメ？」「いや、だからツバメ、ええと、コシアカじゃない、普通の、何もつかないツバメ！」などと言っている間にどこかに飛んでいってしまうからである。

カラスの場合は「ただカラス」はない。カラス研究者の前で不用意に「あ、カラス！」と言おうものなら「何ガラス？　ブト？　ボソ？」と聞き返される。そう、その辺にいるカラスは、1種類ではない。

カラスという種はないが、カラスの仲間は意外とたくさんいる。分類学的にいうと、鳥類の中のスズメ目カラス科カラス属の40種ほどが「カラスらしい」カラスだ。スズメ目？　スズメの仲間なの？　と思われるかもしれないが、世界に1万種ほどいる鳥類の6000種余りはスズメ目なので、そんなに気にしてもらわなくてもよい。鳥を見たらスズメ目と言っておけば2分の1以上の確率で当たる。

カラス属以外のカラス科は70種余りいる。ここに含まれる鳥としてはカケス、カササギ、サンジャクなどがいる。台湾で愛されているヤマムスメ（全身がコバルトブルーでくちばしと脚が赤い）、関東ではお馴染《なじ》みのオナガ、高山帯にいるホシガラスもここに含まれる。

さて、カラス科は南極とニュージーランドを除く全世界に分布している（ニュージーランドにはなぜかミヤマガラスがいるらしいが、ヨーロッパ人が持ち込んだものだ）。ただ、南米についてはルリサンジャクやカンムリサンジャクの仲間はいるけれども、なんとなくカラス科の影が薄い。そしてカラス属の鳥、一目でわかるようなカラスは南米には全くいない。南米でカラス的なニッチを占めているのはクロコンドルやヒメコンドルである。ペルーで考古学を研究している同僚に聞いたところ、あちらでは町外れのゴミ捨て場に普通にいて、ガジナソ（山のニワトリ）などと呼ばれているそうだ。カラスがいない理由はわかっていないが、カラス類の故郷と考えられるオセアニアから分散して南米に到達した時には、既にカラスの入り込む余地がなくなっていた、という妄想はできるかもしれない(ニュージーランドにカラスが入らなかった理由は説明できないが)。

それ以外の場所は、ウィーンの王宮やベルサイユ宮の庭園も、ムンバイの街なかも、ヒマラヤの山中も、アフリカのサバンナも、ロッキー山脈も、ユタ州の砂漠のハンバーガーショップの裏も、メイン州の森林も、フィリピンやマレーシアのジャングルも、オーストラリアの大平原も、京都も東京も、全てカラスの住処《すみか》である。

さて、世界に40種ほどあるカラス属のうち、日本で記録されたものは7種ある。こ

の中で最も普通に目にするのがハシブトガラスとハシボソガラスだ。この2種は一年中日本で見られ、その辺で繁殖しているので、日本でカラスと言えばまあこのどちらかである。先に「ブト？　ボソ？」と書いたのは、このハシ「ブト」ガラスとハシ「ボソ」ガラスのことだ。ハシとはくちばしで、ハシブトガラスはくちばしが太くてアーチ状に弧を描いており、ハシボソガラスはやや細くてストレートな感じだ。なお、沖縄ではハシボソガラスは冬鳥だが、近年はなかなか見られないという。

それから、冬鳥として全国の農耕地に渡って来るミヤマガラス。ミヤマガラスはハシボソガラスよりやや小柄で、成鳥はくちばしの付け根が白い。若い個体はハシボソガラスと見分けがつきにくいが、常に集団で行動し、大概は田んぼや畑にいて細長いくちばしでせっせと何かをついばんでいる。時々「カラララ」と鳴いて一斉に飛び立ち、電線にズラーッと止まる。カントリー派で、街なかに来ることはまずない。

ミヤマガラスの群れの中にすごく小柄でかわいいのが混じっていたら、コクマルガラスである。くちばしは短く、体つきも丸っこい。鳴き声も「キュッ」「キュン」とムクドリのようだ。コクマルガラスは色彩多型があり、真っ黒な黒色型と白黒の淡色型がある。淡色型はパンダのようで特にかわいい。

そして、非常に珍しい冬鳥であるワタリガラス。日本では基本的に北海道の道東・

知床《しれとこ》にしか来ない上に数が少ない。近年は増えたようだが、それでも全道で100羽くらいしか来ないと言われている。さらに、警戒心も強い。世界最大のカラスであり、ユーラシアから北米に広く分布し、世界中の神話に登場する、神秘の鳥である。

ところで、日本語の「からす」は「から＋す」で、「から」は鳴き声、「す」は鳥を示す古語だそうである。古くはア音とオ音が交換可能だったので、「から」なのか「ころ」なのかはわからないが。他の言語でもクロウ（英）、クレーエ（独）、コルヴー（仏）、クラーイ（蘭）、コルネージャ（西）と、コルとかクロとかカラスの鳴き声を模したような音で始まる。ところが、ワタリガラスはレイヴン（英）、コルクラ

▲バーガーショップ裏の
ジャンクフードボーイ

▲ウィーン王宮在住

▲ムンバイはナンもうまい

ーベ（独）、グラン・コルヴー（仏）、ラーフ（蘭）、クエルヴォ（西）と全く別の名前が与えられているのである。「なんとかガラス」と説明的なのは日本語と、せいぜいフランス語くらいだ。西洋ではやはり動物を厳密に分ける癖があるのか、それにしてもさすがワタリガラスは別格扱いだと感心していたのだが、知床で初めてワタリガラスを見て少し考えが変わった。確かにワタリガラスは見た目も別格だが、それ以上に鳴き声が全然違うのだ。

　ワタリガラスの音声の中で最も特徴的なのは、びいどろを鳴らすような「カッポンカッポン」という声だが、およそカラスとは思えない、高く金属的に響く声である。あの巨体から発せられるとは信じがたい。初めて見た時はカモメのように「ギャアギャア」と鳴いており、次に見た時は「キャハハハ」と笑うような声だった。それから「かららら」というミヤマガラスのような声、「ゴアッ」という（やっと）カラスっぽい声、「ワンワン」とも「アオアオ」とも聞こえる犬のようなオットセイのような声、「フォン！」というトランペットのような声（ハクチョウの声に似ている）、「カカカン」と金属を叩《たた》くような声、さらに形容しがたい「オ〜ワッ」という極めてよく響く声など、聞くたびに異なる、しかも全くカラスっぽくない声で鳴くのである。ワタリガラスを見慣れた地域で特別な名前をつけたのは、この辺りにも理由がありそ

ワタリガラス

うだ。

なお、ワタリガラスが飛ぶ時はあまり羽ばたかずに滑空するのも特徴だ。まるで猛禽のように、まったく羽ばたかないまま高速で滑空し、風に乗って高度を上げる。他のカラスも滑空は行うが、ワタリガラスほど巧みではない。

形態から言えば、ワタリガラスは明らかに翼が細長く、翼の前後長（翼弦）に対して翼開長（両翼の端から端までの長さ）が長い。すなわち、航空力学でいうアスペクト比が大きな、グライダーのような形状をしている。アスペクト比が大きいと誘導抵抗が小さくなるため、滑空に適した平面形といえる。

以上の5種が多寡はあるものの日本に分布するカラスで、あとは迷鳥、つまり迷子だ。どこをどう間違ったかはるばるヨーロッパから来てしまったニシコクマルガラス（向こうの町なかには普通にいる）と、東南アジアあたりから貨物船に乗って来たか、船で飼われていたのが逃げ出したらしいイエガラスの2種が記録されたことがある。これで全部だ。本書では、特に断らなければ最もポピュラーな2種、ハシブトガラスとハシボソガラスを扱うことにする。

ハシブトガラス
（少し腰がひけている）

ハシブトガラスとハシボソガラスは名前も似ているが、外見も似ている。なにせどちらもカラスなのだから「大きくて真っ黒な鳥」には違いない。だが、よく見れば見分けはつく。バードウォッチャーは「スズメを見てスズメと分かれば一人前」と言われるが、カラス屋は「ハシブトガラスを見てハシブトガラスと分かれば一人前」だろう。その特徴を見てみよう。

ハシブトガラスは都市部でよく見かけるカラスだ。東京でカアカア鳴いている、あれがハシブトガラスである。全長（くちばしの先から尻尾《しっぽ》の先まで）は56センチほどになり、翼を拡げると1メートルほど。こう書くとものすごく大きい鳥だと感じるだろうが、体重は600〜800グラムほどしかない。鳥は見た目より遥かに軽いのである（スズメだと30グラムくらいしかない）。体重600〜800グラムといえば、成人男性の1パーセント程度だ。ハシブトガラスが100羽集まって、やっと一人ぶんの重さということである。

ハシブトガラスのくちばしは長く太く、アーチ状になっている。さらに「額《ひたい》」に相当する部分が盛り上がっているのが外見上の特徴だが、実は羽毛を立てているだけで骨は平らである。ヘアスタイルで言えば、リーゼントとまでは言わないが、ちょっと立て気味に後ろへ流した感じ。ペタンと寝かせてしまうと誰だかわからなくなる。

ハシボソガラス

ハシボソガラスは全長50センチあるかないかで、平均するとハシブトガラスよりも一回り小さい。体重も400〜600グラムくらいだ。これまた、ちょうど日本人の成人女性の1パーセント程度と思ってもらえばいい。くちばしはハシブトガラスのように曲がってはおらず、ストレートな形をしている。頭もごく普通に鳥っぽい形だ。なお、「額」もぺたんと平らだが、怒ると羽毛を逆立てることがあり、この時は頭がまん丸に見える。

このように似ているようでちょこちょこ違う2種だが、一番違うのは鳴く時である。ハシブトガラスは「カア、カア」とごく普通の「カラスの声」で鳴く。一方、ハシボソガラスは「ガー、ゴアー」としゃがれ声で鳴く。ただし、ハシブトガラスの音声は非常に多彩で、怒ったときなど「ガラララ……」とハスキーな声を出すこともあるから要注意だ。ハシボソガラスが「カア」と鳴くことはない（キュアッというような警戒音を出すことは稀にある）。

確実に見分けがつくのは鳴くときの姿勢である。ハシブトガラスは体を水平にし、頭を前に突き出し、尻尾をヒョイヒョイと振るようにして鳴く。一方、ハシボソガラスは胸をふくらませてグッと顎《あご》を引き、うつむいた姿勢から一気に頭を振り上げて「ゴアー！」と搾《しぼ》り出すように鳴く。声が聞こえなくても、姿勢を見ればどちらかわ

鳴くときの姿勢の違い

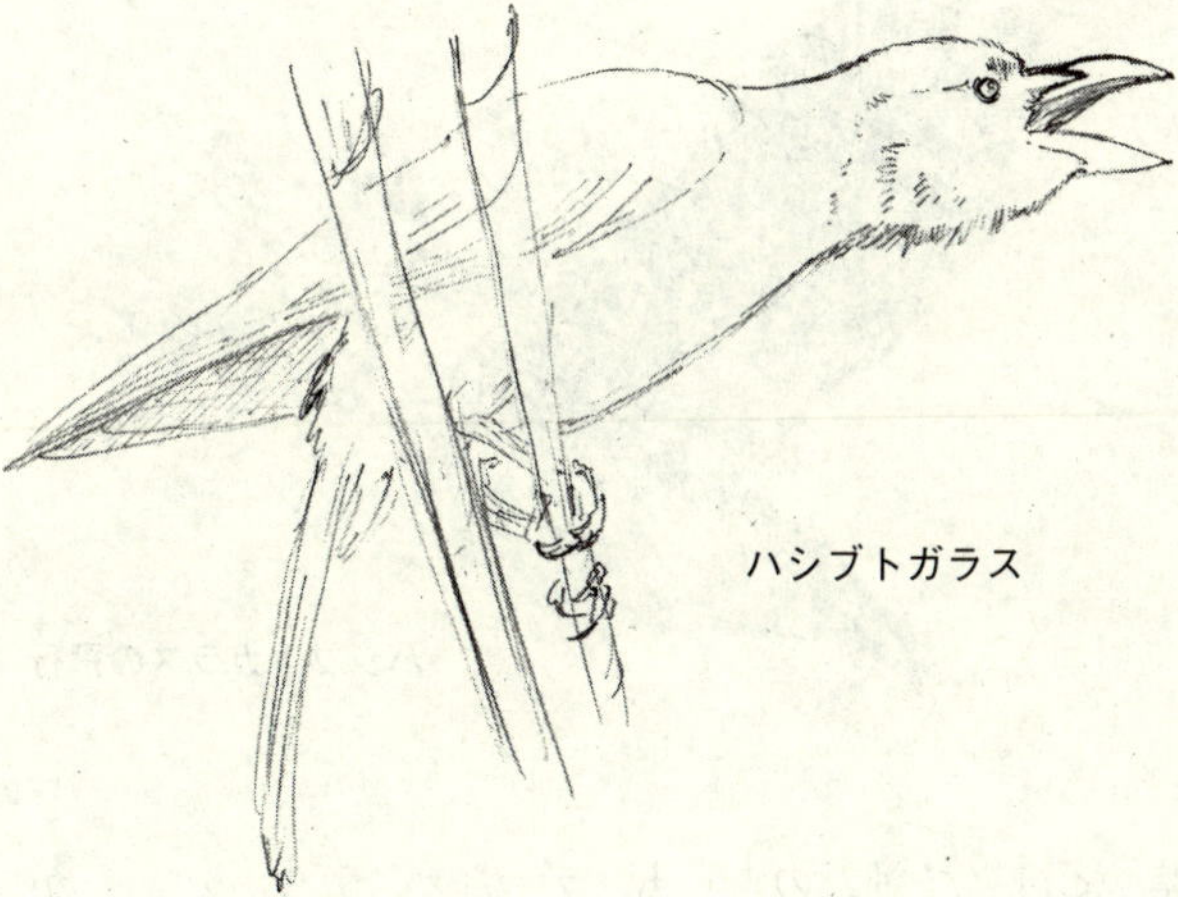

ハシブトガラス

ハシボソガラス

ハシブトガラスの飛行

かる。

せっかくなので、図鑑にはあまり載っていない微妙で私的な見分け方も書いておこう。飛んでいる時に尾羽が長くて丸いのがハシブトガラス、角尾に近いのがハシボソガラスである。また、飛行中のハシブトガラスは胴体や首が細長く見える。後姿しか見えなければ、羽ばたきの深さを見てみよう。「パサパサパサ」と軽く浅く羽ばたくのがハシブトガラス、振り幅が大きくて頑張ってる感じがするのがハシボソガラスだ。また、金属光沢がより強いのがハシブトガラスで、ハシボソガラスは少しマットな感じに見える。ハシブトガラスの翼は赤紫の光沢が強く、ハシボソガラスは青っぽ

く見える気がする。地上に降りた時にピョンピョン飛び跳ねるか「よいしょ、よいしょ」と大儀そうに歩くのがハシブトガラスで、脚を伸ばしてスタスタ歩き、急ぐ時は早足になるのがハシボソガラス。さらに、顔を正面からアップで見た時に目がちょっと出っ張ってバルタン星人みたいに見えるのがハシブトガラス、ごく普通の鳥の顔をしているのがハシボソガラスだ。この辺をこっそり覚えておいて、探鳥会で「あ、あれはハシボソですね」などとサラッと言うと尊敬されるかもしれないが、そいつが「カア、カア」と鳴きだした時は速やかに誤魔化《ごまか》すのが肝心である。私も間違ってしまって、非常に気まずかったことがある。

なお、この2種は生息場所の好みも違っている。ハシブトガラスは森林および都市部に分布しており、農耕地にはあまり見られない。その代わり、山奥にも高層ビル街にもいる。ハシボソガラスは農耕地や河川敷に多く、大都市には多くない。いたとしても、公園のような所だ。また林縁部や疎林にはいるが、森林の連続する山奥にはいない。つまり、ハシボソガラスは開けて見通しのいい場所に住んでいる。彼らがハシブトガラスほど鳴かないのも、恐らく生息環境と関係するのだろう。わざわざ大声を出さなくても誰がどこで何をしているか見えるからだ。

東京都心部は1960年代から70年代にかけてハシブトガラスが優先するようになったという。ビルの高層化や徹底した舗装がハシボソガラスの居場所を奪っていったのと同時に、増加するハシブトガラスに追いやられたのだろう。今では都心部でハシボソガラスを見ることはまずないが、荒川《あらかわ》や多摩川《たまがわ》など広い河川敷のある場所にはハシボソガラスがいる。私の住むあたりは荒川や中川《なかがわ》が近いせいか、アパートの前でよくハシボソガラスが鳴いている。もちろんハシブトガラスもいる。

しかし、日本のほとんどの都市では東京ほど極端ではなく、2種が混じっている方が普通だ。私が調査していた京都市内ではハシブトガラスとハシボソガラスの縄張りが(よく見るとその環境に違いがあるとはいえ)交互に並んでいたし、実家のある奈良市内もそんな感じだ。彼らはごく普通に、お隣さんとして暮らしている事も多い。ただし、雑種ができることはない。恐らく鳴き声やディスプレイの違いから、同種と認識されないのだろう。

世界的に見ると、ハシブトガラスは東南アジア方面の鳥と言える。分布はアフガニスタンからインド、マレー半島を経てロシア沿海州まで。島嶼《とうしょ》部ではフィリピンの一部、台湾、日本全土、そしてサハリンの南半分に分布している。実は、日本以外の場所ではそんなに数の多い鳥ではなく、街なかで見かける鳥でもない。そのため、ハシブトガラスの研究は日本以外では少ないというのが現状である。わざわざ東南アジアに出かけて、他の魅力的な鳥たちを差し置いてハシブトガラスを観察するような物好きはいないということか。

ハシブトガラスが街なかにいないと言うと驚かれるかもしれないが、彼らは本来、森林性の鳥だと考えられている。私の共同研究者は台湾の研究者に「東京でカラスを観察するって、あれは山の鳥じゃないんですか」と言われたそうだし、実際、台湾の探鳥ガイドブックには「巨嘴鳥は中高度の山地の森林に住む」と書いてある（台湾でハシブトガラスは「巨嘴鳥」なのだ）。探鳥地である烏来《ウーライ》や陽明山《ヤンミンシャン》の紹介文には「ここで見られる鳥」として巨嘴鳥が書いてある。日本の探鳥ガイドにハシブトガラスが見られるなんて書いたら「当たり前だろ」「そんなもん見たくねえ」と言われるのがオチである。

一方、ハシボソガラスはユーラシアに広く分布しており、ヨーロッパにもごく普通にいる。日本ではハシブトガラスより小さくてちょっと控えめな感じだが、ヨーロッパではワタリガラスに次いで大きく、そのワタリガラスは滅多《めった》にいない鳥だから、事実上はハシボソガラスが最大・最強のカラスとして君臨しているイメージらしい。そのせいか研究も多い。音声や社会構造もかなり調べられており、イギリスの図鑑を見るとハシボソガラスの音声の説明にずいぶんとページを割いていたりする。ハシブトガラスを見慣れた日本人としては「音声が多彩？　ハシボソが？」と言いたくなるが、所変わればカラスの立場も変わるのである。

なお、詳しく言うとヨーロッパ西部にいるハシボソガラスは *Corvus corone corone* で、ロシア中部からヨーロッパの一部にかけては別亜種であるズキンガラス *C.c.cornix* が分布する（別種と考える人もいる）。日本を含むアジアにいるのは *C.c.orientalis* だ。分布の真ん中にいるズキンガラスは白黒のまだら模様で、その西側と東側の亜種は真っ黒である。しかも分布が接するあたりでは真っ黒と白黒が交雑

▼都会に馴染めずIターン生活さながらの
ハシボソガラス

▲都会での生活に生き甲斐を感じるハシブトガラス

するのに、交雑個体が広まってゆくわけでもないらしい。なんでこんなおかしな事になっているかは、いまだにわかっていない。

どれもこれも真っ黒で同じと思われがちなカラスだが、細かく見て行けばそれぞれ違いがあり、さっぱりわかっていない事もたくさんある。

カラスの一生

昔は仲間とつるんでブイブイいわせたもんですが

4月、北の丸公園を歩いていると、突然、ハシブトガラスがヒョイと出てきて枝に止まった。何か言いたい様子だが、鳴かない。どうしたのかな、と思って立ち止まっていると、スーッと飛んで隣の木に止まり、やっぱり黙ってこっちを見ている。ははあ……すごく気にしてるけど騒ぎ立てないって事は、この辺に巣がありますね？　この木はスカスカすぎるから違うはず、あっちはカラス的になんかイマイチな気がする、すると高い木はもう残っていないが、ここは意外と大穴狙いで、このちょっと低いけどよく茂ってる木？

はい、正解。見上げた先には枝と針金ハンガーで組んだ巣があり、カラスの尻尾がぴょこんと突き出している。雌が卵を抱いているのだ。さっきの心配そうなのは雄だ。ハシブトガラスは巣があまりに近いと鳴かないことがある。騒ぎ立ててかえって巣の所在がバレるのを警戒しているのだろう。

カラスの一生は、ここ、巣の中から始まる。

カラスは一夫一妻の配偶システムを持っている。鳥としてはごく普通だ。雄雌2羽で縄張りを持ち、この中で巣を作って繁殖し、餌も基本的に縄張りの中で採ってくる。他のカラスが縄張りに入ろうとすると、大声で鳴いて「出て行け」とうながす。出てゆかなければ実力で叩き出す。上空を通過しようとしたカラスと並行して飛びながら進路を変えさせて追い出す、という自衛隊機のスクランブルさながらの光景も、しばしば見られる。

巣は基本的に木の枝を組んで、樹上に作る。大都市では電柱やビル屋上の看板の鉄骨など、人工物に営巣する例もあるが、割合から言えば圧倒的に樹上が多い。ちなみに今までに見た最も環境の良さそうな巣は、水田の広がる中にある土手の脇に生えたキリの木の上で、土手の向こうには川が流れ、その奥には穏やかな山並みが霞《かす》み、咲き始めたキリの花に囲まれて3羽のハシボソガラスの雛《ひな》がうとうとしていた。カラスというと都会の電柱の上に針金で巣を作ると思われがちだが、そんなギスギス・ゴミゴミした生活ばかりとは限らない。

営巣する樹種はさまざまで、そんなにこだわりはなさそうである。過去の研究例を見ると、マツ、スギ、クス、イチョウといったあたりが営巣木の常連さんである。よく生えている高い木だから、というのも理由だが、もう一つ、枝ぶりや葉の茂り具合も重要だ。特にハシブトガラスは巣が丸見えになるのを嫌うらしく、針葉樹・広葉樹を問わず常緑樹に営巣することが多い。私が下鴨《しもがも》神社で観察した例では、ハシブトガラスは大抵、クスノキかシイに営巣していた。どちらも常緑広葉樹だ。東京にはクスノキが少ないせいか、スギやマツに営巣する事が多い気がする。あるいは、4月になって葉が展開するのを待ってイチョウやケヤキに営巣する。街路樹のイチョウは剪定《せんてい》した箇所からボワッと枝が出るが、この真ん中が巣を置くのに手ごろなサイズな上、周囲を囲まれているから落ちる心配もなく、目隠しも完璧《かんぺき》、という絶好の場所となる。イチョウを植えてせっせと剪定すればするほど、カラスとしては有り難いということだ。

ハシボソガラスはハシブトほど神経質ではなく、春先のスカスカの落葉樹に平気で巣を作る。ユーラシアの高緯度地域や草原地帯にも住むハシボソガラスにとって落葉樹はごく普通であり、木が生えているだけでも御《おん》の字、常緑でなきゃイヤなどと贅沢《ぜいたく》を言っている余裕はなかったのだろう。海外では地上に営巣した記録すらある。巣をかける高さもやや異なっており、中村純夫の研究によると高槻《たかつき》市ではハシブトガラスで平均12・1メートル、ハシボソガラスで平均10・3メートルとなっている。平均値の違いはハシボソガラスの方が低いところにも営巣するからで、京都でも同じ印象だった。東京のハシブトガラスはもう少し低い所でも営巣するような気がするが、東京のカラスが人に慣れているということかもしれないし、カラスが多いから良い物件が選べず、低い木で我慢しているのかもしれない（第三章の「それはゴミではありません」参照）。

なお、両種ともに好きなのは高圧送電線の鉄塔だ。営巣場所などいくらでもありそうな場所でさえ送電鉄塔に営巣している場合があるから、「他になくて仕方なく」とも限らない。普通は巣が見えるのをあれほど嫌うハシブトガラスでさえも、だ。あからさまに、どこから見ても丸見えだと思うのだが、カラスの基準ではあれで「囲まれている」事になるのだろうか。高さがあれば見えても巣が守れるからいいのか、と思ったこともあるのだが、どう見ても周囲の木と変わらない高さの鉄塔に営巣していたこともある。なんだかよくわからない。ただ、どんな鉄塔でもいいというわけではなく、ハシブトガラスは適当に狭い隙間《すきま》に巣をかけるのが好きなように見える。ちょうどカラス的にツボにはまるような「囲まれ感」というのがあるのかもしれない。

ハシブト・ハシボソとも市街地では針金ハンガーを巣材に使う場合があるが、総ハンガー作りのような極端な巣はあまりなく、だいたいは枝とハンガーが混じっている。もちろんハンガーはその辺から拾ってくる。それが捨ててあるか、物干しにかけてあるかはカラスにはどうでもいい事なので、しばしばベランダから持って行く。春の明け方、ベランダから「かしゃん」という軽い金属音が聞こえて目を覚ました事があったのだが、カーテンの隙間から見えたのはカラスが飛び立つ後姿だった。調べて

▲ハンガーはマイホームづくりにはかかせない

みるとベランダの物干し竿《ざお》にかけたままだった針金ハンガーが無くなっていた。多分、近所の小学校の並木あたりで巣材に使われているに違いない。ハンガー以外にも針金や荷造り用のテープなど、適当に固くて適当に曲げられるものなら何でも外巣に使う。枝ではサクラとイチョウを好むような気もするが、周囲の樹種によっても変わるだろう。

卵を置くための産座、すなわち巣の内巣部分は繊維質の柔らかい素材を使う。藁《わら》のようなものがあれば最適だが、都会ではシュロ縄をほぐしたもの（植栽の支柱から失敬）、犬の毛（道端に抜け落ちているのを拾う）、ビニール袋、捨ててある養生シート（器用に端をくわえて引きちぎってほぐしてしまう）、エクステやウィッグの毛（これもゴミだろう）、綿（粗大ゴミのソファや座椅子の中身）などを巧みに利用している。先日は作りかけの巣にガムテープのロールをくわえて来たハシブトガラスを見かけて「まさかテープで補強するのか？」と思ったが、さすがに使い方は知らなかったらしく、しばらく考え込んでから持ち去ってしまった。そもそも、あのロールのどこが巣材に見えたのかよくわからない。何がしたかったんだお前。

カラスの産卵はハシボソガラスで2月の終わり、ハシブトガラスで3月半ばから始まる。ハシブトガラスが2月半ばに産んだという例を大阪のカラス研究者に聞いたことはあるが、これは例外的だ。産卵は個体の体調とか巣の出来具合、隣との関係（縄張り争いに明け暮れていると産卵どころか造巣も遅れがちになる）などによってずれ込むので、まあハシボソなら3月、ハシブトなら3月後半から4月くらいが産卵のピークだろう。また、途中で営巣に失敗すると巣を作り直して2度目に挑戦することがしばしばある。巣を作るなり産卵しないうちに撤去されてしまって、3つ目まで作ったハシブトも見たことがある（その年は結局、繁殖せず）。最初の巣作りには1〜2週間かかる事も珍しくないのだが、再営巣の場合はものすごい突貫工事をやり、ほん

▲ぼく、何がしたかったんだろう

の数日で巣を作って産卵する。生理的なタイミングもあるだろうし、ぐずぐずしていると繁殖の機会を逃してしまうからだろう。

卵はだいたい4個から5個とされており、オリーブ褐色の地に暗色の斑点がある(薄い色の卵だと青灰色がかっていることもある)。長径が50ミリくらいだからウズラの卵よりは大きいが、鶏卵よりは小さい。

抱卵はほぼ雌のみが行い、抱卵期間はだいたい20日である。この間、雌はずっと巣に座っているが、時々出てきて文字通り羽を伸ばす。ストレッチで体をほぐしている のだろう。ついでに羽づくろいをして、数分休むとまた戻って卵を抱く。

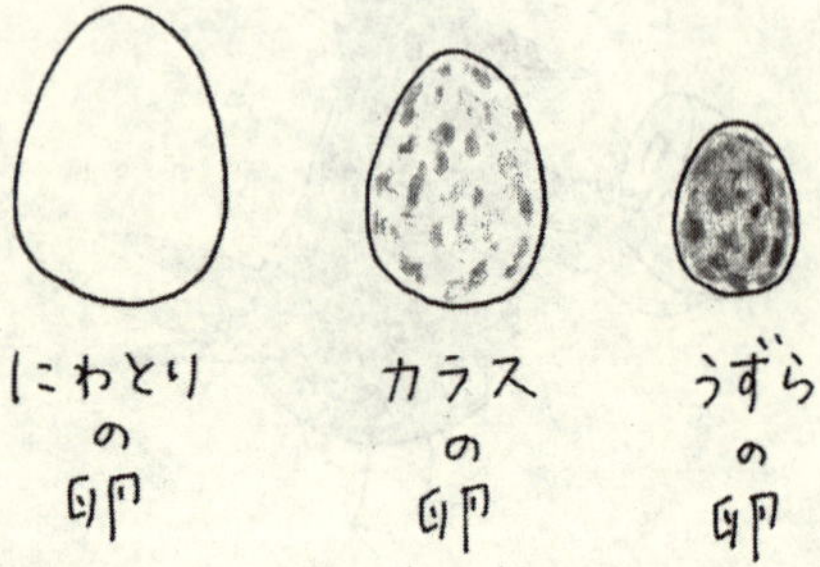

ハシボソの抱卵

この間、雌の食べる餌は雄が運んでくる。だがハシブトガラスは巣の位置を秘匿《ひとく》する事に非常に気を遣うため、雄が巣に入ってくることはまずない。ちょっと離れた所に止まって小声で「がらら……」と鳴き、雌を呼び出す。もしくは「ここに置くからね」と言わんばかりに鳴いて飛び去る。雌はこっそりと巣を出て枝の上で餌を受け取り、わざわざ迂回《うかい》して慎重に巣に戻る。

その点、ハシボソガラスはもっとオープンである。堂々と雄が巣まで行って、餌をねだる雌の口の中に「はい」と突っ込む。巣の前を雄が通ると雌は「おなか減ったおなか減ったー！」と大騒ぎする。雄が何かいいものを見つけても持ってきてくれない時は巣を飛び出して「それ欲しい」とねだる。調査地で一番私と仲の良かったハシボソガラスのペア（αとβと名付けていた）がいたのだが、αが焼き芋を見つけた途端にβが卵そっちのけでαを追いまわし、αがプイとそっぽを向くとそっちに周りこんで正面から「くれくれ」とねだり、ついに根負けしたαが食べかけの焼き芋を放棄して飛び去った事があった（ただし、一口分はくわえて行った）。βはもちろん、皮までぺろりと平らげてから巣に戻った。

こうして20日ほど経つと雛が生まれる。最初は丸裸で皮膚は赤っぽい（ちょっと赤黒い感じもするけれど）。そのままでは冷えて死んでしまうから、雌は雛を抱いたまま座っている。見た目には抱卵中と同じで、雄が餌を持ってくるのも同じだ。だが、ちょっと違うのは、ハシブトガラスでも雄が直接巣に餌を持ち込むようになるという点だ。また、抱卵中は「おなか減った」と騒いでいた雌でも、雄がやって来るとスッと立ち上がって脇へ寄り、雄が雛に餌を与えるのを黙って見ているようになる。他の多くの鳥から類推すれば、雛鳥の真っ赤な口が鍵刺激（動物に特定の行動を起こさせる刺激）となって「この口に餌を食わせなきゃ落ちつかない」という気にさせるのであろう。雛は親鳥（に類するもの）が帰ってくるとパペットのように首を伸ばして大口を開ける。餌をもらうと、またパタンと引っ込んで寝てしまう。この時期の調査では給餌《きゅうじ》のタイミングでしっかり見ていないと、雛が何羽いるのか全然わからない。

こうやって雛が育ってゆくが、羽が生えてくると常に抱いている必要はなくなるので、雌も外に出て餌を採ってくるようになる。これで給餌速度がアップする。最初は1時間に1回くらいしか給餌しなかったのが、巣立ち直前には15分に1回くらいのハイペースになる。そして、だいたい32日から35日くらいで、巣立ちの日を迎える。

巣立ちの日、巣からこぼれんばかりにぎゅうぎゅう詰めに育ったカラスの雛の1羽が、巣の縁《ふち》に摑《つか》まって翼をパタパタさせ、ついに足を踏み出し、巣から出て枝に止ま

▲焼き芋はカラスの好物

る。バランスが取れなくて落ちそうになるのを「おっとっと」と踏みとどまり、しばらく枝に止まって外の世界を眺め、意を決して「やっぱり帰ろ」とまた巣に戻って寝てしまう。これがカラスの巣立ちだ。「広い世界に羽ばたいて行きました」的な感動のシーンは一切、ない。それからだんだんと外で過ごす時間が増え、数日たつと巣に戻らなくなる。

とはいえ、多少なりとも飛びまわれるようになるのは1週間くらい先のこと。最初は枝に止まってほけーっとしている。空腹になると「グワア」「くわー」と鳴く。ご飯をもらうとまた寝る。寝る子は育つ、というのはカラスも同じだ。そのうち親の後を追いかけて何とか飛べるようになり、さらに見よう見真似で餌(だと本人が思っているもの)をつつくようになっても、カラスとしては半人前以下である。カラスが独り立ちするには短くても2ヵ月余り、長ければ半年以上の時間が必要なのだ。鳥としては異例なほど親子で過ごす時間が長い。

なお、巣立ち雛数は平均するとハシブトでもハシボソでも2羽くらいである。卵は4~5個あったわけだが、1個くらいは孵化《ふか》しないことも多いので孵化するのが3~4個。そして1羽か2羽は、巣立つことなく、餌不足や事故で死んでいる。3羽育てば上等で、滅多にないことだが、4羽までは見たことがある。もちろん、1羽も育たないこともある。

カラスの個体群動態をきちんと調べた研究はないが、どのくらいの子供が途中で死んでしまうか、非常に大雑把《おおざっぱ》に計算してみよう。まず、カラスの繁殖開始年齢を３歳とし、毎年４個の卵を産むとしよう。寿命は20年とする。この仮定でごく単純に計算すると、あるカラスが一生を終えるまでに72個の卵を産む。その子が孫を産み、孫がひ孫を生み……と考えると、ある夫婦が生涯を終えるまでに6世代目まで生まれ、一族合計で２５２個の卵を産む計算になる。2羽から始まって、20年後には１００倍以上だ。地球はあっという間にカラスであふれる。非常に単純化すれば、次世代に2羽だけが残って繁殖すると考えれば増えも減

りもしない事になるわけだが、そうすると1世代が生涯に生む72個の卵のうち、70個は子供を残すことなく、どこかの段階で死ぬことになる。子孫を残せるのは3パーセント以下である。

カラスの子供は見ればわかる。まず、羽毛が伸び切っていないので尾が短く、首が頼りない。幼鳥羽はポワポワしていて艶《つや》がない。特にハシブトガラスでは頭が「校則で短髪にされました」みたいで、親とはかなり印象が違う。声も「グワア」「ンアー」と鼻にかかって甘えた声（ハシブト）か「くわー」とか細い声（ハシボソ）。そして、両種とも目が青い。青いのは虹彩《こうさい》なのだが、鳥の目は虹彩しか見えていないので、グレイがかった薄青の目の真ん中に黒い瞳孔《どうこう》が見える。青い目というと可憐《かれん》な感じがするが、カラスの場合は単なる青い三白眼である。親より目つきが悪い（1ヵ月くらいで親と同じ褐色になるが、その後もしばらくは少し色が薄い）。さらに、口の中が赤い。スズメなら「くちばしの黄色いガキ」だが、カラスは「口の中が赤いガキ」である。口元や喉《のど》のあたりも羽毛が生え揃《そろ》うまでは皮膚が透けて赤く見える。口の中の赤味はかなり長い期間残り、完全に喉の奥まで真っ黒になるには翌年以降までかかると言われている。個体差が大きいので、栄養状態や社会的なステータスが関係

▲三白眼はかわいいヒナの証

▲オーバーリアクションもかわいいヒナの証

する可能性もある。つまり、口の中が黒いのはまさに「オトナの証拠」なのだ。ついでに、雛は動きがぎこちなく、やっている事が行き当たりばったりで、リアクションが大げさ、つまり行動がガキっぽい。

カラスが独立するのは、ハシブトガラスで8月頃、ハシボソガラスで秋頃からである。「引越します」と宣言してくれるわけではないので独立したのか死んでしまったのかわからないわけだが、経験的にその時期から姿を消す巣立ち雛が増え、同時に縄張り以外のところで若いカラスを見るようになる。羽田健三・飯田洋一の研究によるとハシボソガラスの雛は翌年の繁殖期まで親の縄張りに留まっていたことすらあるという。私はそこまでの例は見たことがないが、1月になっても餌をもらっていた例は見たことがある。

さて、親元を離れたカラスはどこへ行くかというと、実はよくわかっていない。諸般の事情により、標識をつけて簡単に追跡するというわけにいかないのである。だから多分に推測が混じるが、とにかく、どこかの群れに入り込むのだと考えられている。非常に長距離を分散した例も知られてはいるのだが、あまり遠くには行ってないんじゃないか、と思えるフシもある。独立したはずがちゃっかり出戻って実家で飯を食っていたりするからである。

夏のうちから独立を始めるハシブトガラスでは、しばしば夏の終わりに若鳥だけの集団ができていた。生意気盛りの連中が集団になっているのだから、これはもう、高校生の修学旅行なみの騒がしさである。この中でちゃんと序列があるらしく、時折、喧嘩《けんか》が起こる。私が見たハシブトガラスのストリートファイトは2羽が肩をそびやかして歩き、お互いに肩をぶつけあった挙句《あげく》、相手の足を引っ掛けあうというものだった。さらに、お互いの足を握り合ったまま引っ張り合いを始めた。そのうち均衡が崩れたのか、片方がそーっとしゃがみ込もうとした。ここで立っている方がグイと引っ張って相手を仰向《あおむ》けにひっくり返し、翼を踏みつけてのしかかると両者の動きが止まった。人間で言えば相手を地面にぶっ倒してマウンティング・ポジションで殴ろうかという体勢だ。素直にタコ殴りにするわけではなく、オオカミの喧嘩のように相手に大怪我を負わせないような規制はあるらしい。

と思っていたら、回りで見ていた野次馬どもが負けた方の尻尾を引っ張り始め、踏みつけられていた個体はたまらず飛び起きて逃げ、それを一団となって追いかける、というえらい騒ぎになってしまった。どうやら、迂闊《うかつ》に負けると本気でボコボコにされるようだ。しかも関係ない野次馬どもまで殴りに来る。えらく殺伐としたイメージだが、こうやって順位が決まってゆくのだろう。一度決まってしまえば順位は記憶されるようで、常に喧嘩をしているというわけでもない。転校生が来ると一度は勝負するシーンがある、という学園ドラマの王道みたいなものだ。

伊澤栄一らの研究によると、飼育下のハシブトガラス集団には非常に明確な順位がある。優劣は大きさにはあまり関係なく、雄が優位で、かつ攻撃性の高い個性が強いという。海外での研究によると、ハシボソガラスでもやはり集団内に順位があるが、雄、雌それぞれに順位があるという。

　こうして、その年生まれのガキどもと、1歳以上だが縄張りを持っていない若鳥（および、一時的に成鳥も混じっている可能性がある）は集団を作って暮らすようになる。若鳥の羽毛は幼鳥羽のポワポワ・ボサボサとは違うが、成鳥ほど艶がない。特にハシボソガラスでは風切羽《かざきりばね》が色褪《いろあ》せたように茶色っぽい。公園などでカラスの集団がいて、「ヒッチコックの映画みたいに襲って来そうで怖い」という声はよく聞くが、群れている連中は縄張りを持たない非繁殖群である。その日暮らしでブラブラして、うまいものを探して飛び回っているだけなので、命をかけて守るべき我が子もなく、人間に向かって来ることもない（そのお弁当食べていい？　と寄って来ることはあるかもしれない）。非繁殖群と繁殖個体は生活が全然違うので注意が必要だ。学生時代と、社会人になって結婚した後くらいの違いと思えばいい。

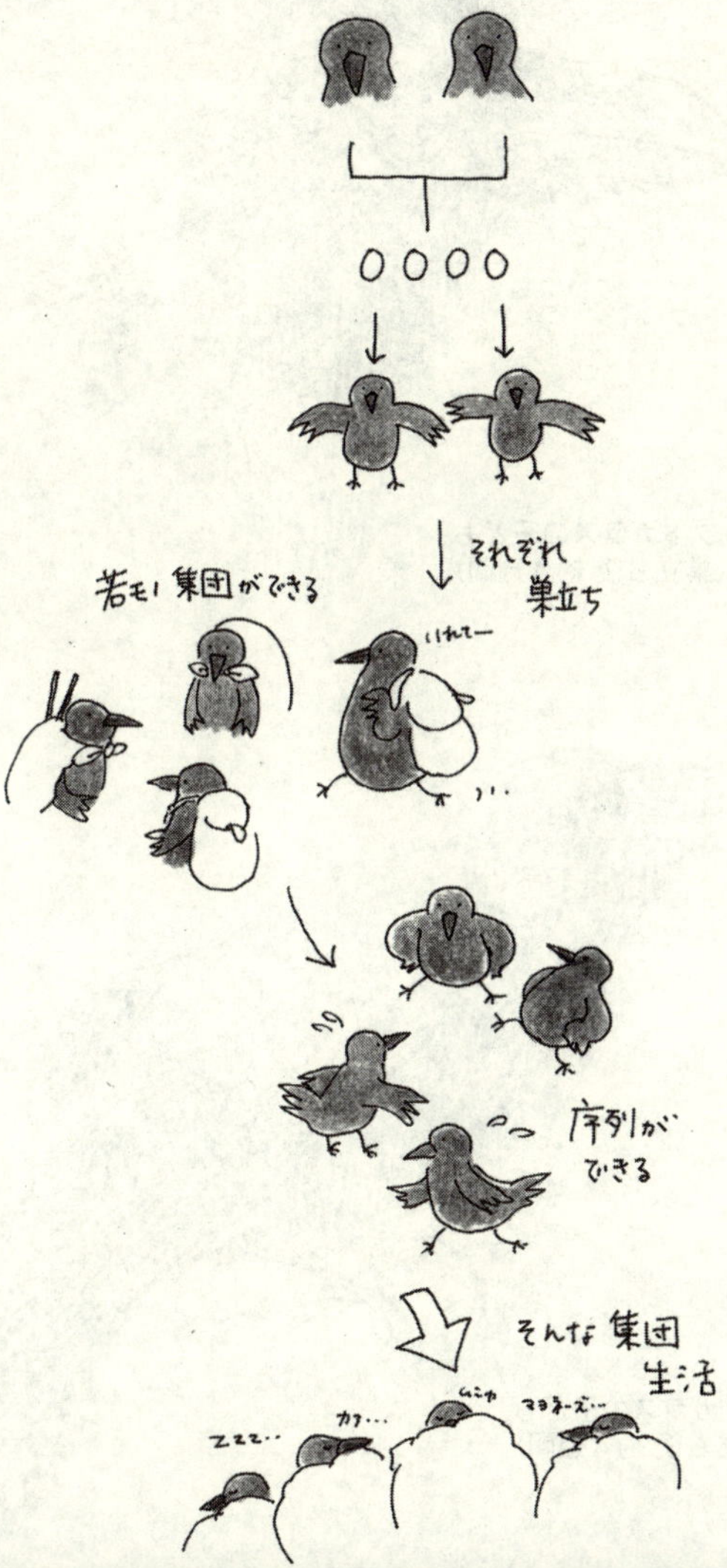

それぞれ
巣立ち
若モノ集団ができる
いれてー
序列が
できる
そんな集団
生活
ZZZ…
カア…
ムニャ
マヨネーズ…

ハシブトガラスの子ども
（巣立ち後 約４週間）

ハシボソガラスの子ども
（巣立ち後 約４週間）

市街地では、カラスの集団は朝イチで餌のありそうな場所に出かけ、繁華街でせっせと餌を食べる。この時は数羽から10羽くらいの小群に分散して動いている事が多いが、特にユニットが決まっているのか、単に適当に分かれるのかは不明である。あまり大集団にならないのは、何羽もが一斉に食べられる餌がないからだろう。大きなゴミ集積所には多数集まることもあるが、一度に餌にアクセスできるのはせいぜい2羽か3羽、大概は1羽だけである。他の個体は後ろで「まだかなーまだかなー」と待っているか、横からくちばしを出そうとして威嚇《いかく》されるか、諦《あきら》めて次の餌を探しに行く。

ゴミが回収され、人通りが増えて食事時間が終わると、集団で過ごせるような公園で休憩タイムだ。ここで一休みしつつ水浴びしたり、喧嘩したり、おやつを探したり、と気ままに過ごしている。朝のうちに十分に餌を採れなかった個体は、少しでも餌のありそうな所へ出かけることもあるだろう。ただし、繁殖個体が縄張りを持っている場所に入ると叩き出される。冬ならまだマシなようだが、繁殖期には絶対に入れてくれない。逆にいつも集団が居座っている場所には、普通、縄張りはない。落ちついて子育てできるような場所ではないからである。

夕方になるとカラスは集団ねぐらに集まる。ねぐらにはハシブト・ハシボソが混じっている事が多い。ミヤマガラスは一日中、大集団で動いているので単独でねぐらを作ることもあるようだが、他種のねぐらに混じる場合もある。

夕方になると、と書いたが、ハシブトガラスは早い時間から集まってブラブラしている個体もいる。朝《あさ》のうちにゴミ漁りで餌を手に入れてしまうからかもしれない。ハシボソガラスは畑や河原で遅くまで黙々と小さな餌を探して、夕方になると一斉に戻ってくることが多い。そして、日没頃にねぐらに入る。ねぐら入りの時刻は完全に決まっているものではないが、そのピークは照度と対応している。つまり、「もう暗くなるから帰らなきゃ」なのだ。「カラスと一緒に帰りましょ」という歌詞は非常に正しい。なお、ねぐら入りの前に就塒前集合《しゅうじぜんしゅうごう》を行ってから、最後に本当のねぐらに入ることもある。

ねぐらはだいたい、夜間人通りの絶えるような森だ（時に市街地の、それも電線で寝ていることもあるが、今のところ例外的）。神社や大きな公園が多い。東京では明《めい》治《じ》神宮、自然教育園、上野《うえの》公園などが有名だ。京都では東山《ひがしやま》沿いにいくつかあり、洛《らく》西《せい》のあたりにもある。奈良市では春日大社周辺だ。小さいもので数百羽、大きければ数千羽に達する。かつて明治神宮や平林寺《へいりんじ》（埼玉県）のねぐらは4000羽クラスだったし、徳島県では8000羽と目されるねぐらが見つかったこともある。長野県で

▲早寝早起きは健康の源。カラスを見習おう

の山岸哲らの研究によると30キロに及ぶ距離を、整然と列を成してねぐらに向かう集団に次々と小群が合流しながら集まってきていたという。

ねぐらは通年形成されるが、一般に冬の方が大規模になる。その年に生まれた個体や、繁殖を終えた成鳥が参加してくるからだ。また、夏と冬でねぐらの場所が変わることもしばしばある。わざわざ集まって眠る理由はよくわからないが、外敵に対する警戒性を上げるためとか、餌の情報を得るためといった説がある。コンドルの研究では餌場を知っている個体は朝イチで迷わず飛び出すため、自信ありげな個体について行くと餌にありつけるという。

ただ、ねぐらというのは昔考えられていたほど不可欠なものではなく、秩序だったものとも限らないようだ。先の研究の場合は付近にねぐらが1ヵ所しかなく、しかもねぐらに入らないと外敵がいたり、情報が手に入らなかったりと危険だったから、非常に多数の個体が必要にかられて集まっていたのかもしれない。東京でPHSを使って追跡した例では、若いカラスたちは都内各所のねぐらを転々とし、どうかすると夜中に「やっぱ、あっち行くわ」とねぐらを変え、餌場も今日は新宿、明日は池袋と好き勝手に動いているらしい。しかも、どう考えても集団ねぐらではない場所で、数羽、もしくは単独で眠っている例も見つかっている。おそらく、東京ではフクロウに襲われる心配もなく、餌場なんてどこにでもあり、目を覚ませばその辺で何か食えるに決まっているのだから、わざわざ規律正しく集団行動を取る必要もないのだろう。

それでもねぐらに入る個体が多い理由はよくわからないが、周辺の個体と知り合い、顔をつないでおく、という意味があるのかもしれない。ハシブトガラスは他個体の顔と声を覚えていることが実験的に示されているが、学習曲線から考えてかなりの数の個体を記憶しておける筈《はず》だ。一方、伊澤や森下らの研究から、ハシブトガラスは離合集散型の社会を持っていると推測される（つまり、今日はこっちの集団、明日はあっちの集団と渡り歩くわけだ）。してみると、ハシブトガラスは地域の個体とはだいたい顔見知りで声も覚えており、どこへ行っても「よお、元気ぃ？」「げっ、あいついるじゃん」などとやっているのではないかと想像する。そのための社交場が、非繁殖集団であり、ねぐらということも、あるのかもしれない。

テキトーで気まま、馴染みの街に繰り出せば、どこにでも顔見知りがいる。腹が減ったらその辺でフライドポテトとマヨネーズ。気の合う仲間とつるんで、飯食って水浴びして遊んでおやつ食って、日が暮れたらどっかで寝る。それが東京の若いカラスの日常である。

さて、カラスの「若い」時代は結構長い。多くの鳥は生まれた翌年には繁殖でき

る。一部の小鳥では1年目には「ボク若造です見逃してください」とわかる羽色で経験を積み、2歳から繁殖するものもある。カラスの場合、生まれた翌年にはそもそも生理的に繁殖できず、2歳でも（海外のハシボソガラスで繁殖例はあるが）社会的にはまだワカゾー扱い、3年たてばまあオトナ、か、な？ と考えられている。ひょっとして1年坊主が繁殖したかも？ という報告もあるが、もしそうであっても、よほど早熟な個体だったのだろう。

一般に縄張りを持つ鳥では、雄が良い場所を確保し、大声で囀《さえず》ってライバルを追い払うと同時に雌を呼ぶ。オオルリやキビタキやウグイスの美しい囀りは「ここに縄張りを構えて嫁さん募集中な僕がいますよ」

という宣言だ。ところが、カラスはいつの間にか集団内で既にペアになっている。つまり、縄張りよりペア形成が先なのだ。

ヨーロッパのハシボソガラスでは、集団の中で一番強い雄と一番強い雌がペアになるという。雌の側からのアプローチもあるらしく、堂々と胸を張るズキンガラス雄に擦《す》り寄る雌と、そこに割り込もうとするもう1羽の雌の映像を見たことがある。最後は雌同士が大喧嘩していた。ローレンツもニシコクマルガラスの雄に両側から言い寄る2羽の雌について、とても面白い観察を書いている。

ハシブトガラスでは求愛過程が調べられていないのだが、ハシボソ同様にどう見ても繁殖していないのにベタベタと仲の良い

2羽を見かけることは多いから、集団内ですでに「デキて」いるのは確かである。おそらくペアリングと順位も関係しているだろう。カラスの世界では、しずかちゃんは多分ジャイアンと結婚する。

カラスのペアの熱愛ぶりは見ていて微笑《ほほえ》ましい、のを通り越して腹がたつほどで、「イチャついている」としか言いようのないバカップルぶりを披露してくれる。2羽で並んで止まると「つつつ」とにじり寄って「ぴとっ」と寄り添い、雄が「はい」と頭を差し出すと雌がかいがいしく羽づくろいしてくれ、今度は「じゃあお返し（はあと）」と雌の首あたりを羽づくろいし……と何分でもやっているのは日常茶飯事。京都で見かけたハシブトガラスの雄はサクラの実を「はい」と雌に差し出し、雌は実をくちばしの先でくわえたまま「やっぱりあげる」と雄に返し、雄がそれを食べたかと思いきや手品のようにヒョイとくちばしの先に戻し、「やっぱり頂戴《ちょうだい》」と雌がこれを分捕ると「俺にもくれ」とそれを取り返し、実に5回にわたってサクランボの口移しをしていた。お前らええ加減にせえ。

残念ながら、果たしてこのペアがそのまま本当に繁殖ペアになるのか、それとも別れと出会いを繰り返してゆくのか、それはわからない。ただ、突然ペアでやって来て縄張りの隙間に割り込もうとする連中がいる事から、縄張りを得るのも2羽がかりなのだろうと思う。幾つかの研究から、ハシボソガラスでは雄1羽でも縄張りを維持できるが、雌1羽では維持できないとされている。既に存在する縄張りの維持だけでも大変なのだから、新参の若造1羽で縄張りを新たに奪い取れるほど、カラスの世間は甘いものではあるまい。やはり連れ合いと共に、新居を求めて2羽で殴り込むのだろう。カラスの新婚さんの初めての共同作業は、問答無用のタッグマッチである。雄が死んだ縄張りに押しかけて残った雌を追い出し、縄張りを分捕る例も観察されている。

この新居探しは春と秋にちょくちょく見かけた（きちんと調査したわけではないので、たまたま私が見かけたのがその時期というだけかもしれないが）。京都御所から飛び出した2羽が公園や神社など小さな緑地にヘリコプターかパラシュートのようにフワーッと舞り降り、その都度、既にそこにいた持ち主に迎撃されて逃げ出し、また次の緑地に舞い降り、を繰り返して、京都御所に戻って行く姿を何度も見かけたことがある。ある時、私が調査地にしていた賀茂川《かもがわ》の河原で、若そうなハシブトガラス2羽が秋になってから現れたことがあった。この2羽は既にいたハシボソガラス2ペアの間に強引に割り込み、追い出されても追い出されてもめげずに毎日のようにやって来て、一冬かけて自分の存在を認めさせて居座ることに成功、翌年から繁殖を開始し

強引に割り込む予定▶

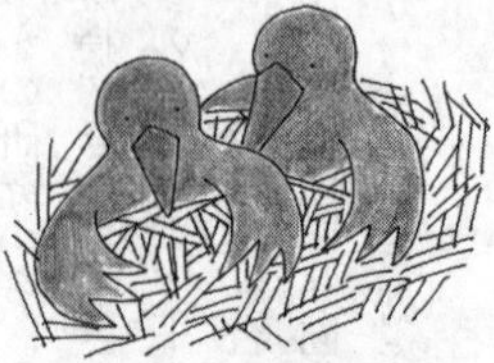

◀「巣は渡さないぞ！」
※実際、雄は巣には入りません。

た。どうやら、そういった「隙間」に入り込もうと虎視《こし》眈々《たんたん》と狙っている若夫婦が、カラスの社会にはたくさんいるようである。

　こうしてなんとか縄張り、すなわち「自分たちが食って行けて、巣が作れて、子育てする餌も得られるところ」を確保すると、繁殖個体の仲間入りだ。若い頃のようにフラフラと盛り場を遊び歩く事もないし、縄張りの中には他人を入れない。2羽で縄張りを守り、昼間は主に縄張りで過ごし、夜になるとねぐらに合流する事もあるが、縄張りの中で寝てしまう事も、どうやらあるようだ。繁殖期になると、卵や雛を放り出してねぐらに行くわけにもいかないので、ずっと縄張りにいる事が多い気がする。なにせ闇夜のカラスのこと、夜間の行動を確かめるのは簡単ではないが、日没後に巣の近くの木に止まったところまで確認し、翌朝は夜明け前から見ていたら同じ木から出てきた、という観察は何度もある。雛を寝かしつけてからねぐらに帰った、としている研究もあることはあるが。

子供たちが独り立ちし、繁殖期が過ぎると、縄張り防衛も少し緩くなる。そして年が変わり、ハシボソガラスは産卵まで2ヵ月ほどとなり、その年の縄張りの仕切り直しの時期を迎える。縄張りの境界線が大きく変わってしまうことはまずないが、ちょっとした小競《こぜ》り合《あ》い……「ウチはこの木までだろ」「あぁ？　その木はこっちの止まり場だろ」「なんだやる気か」「上等だコ

ラ」程度の喧嘩は常にある。冬の間に緩んだ縄張りを決め直す、といったところだが、時に本気で喧嘩をする場合もある。空中で激突した2羽が相手をガッキと足で掴み、お互いに噛《か》み付きあい、蹴飛ばしあいながら落ちてくる、といった光景も見かけることがある。

そして縄張りが決まり、日が長くなって来ると、カラスたちの営巣シーズンだ。雄は「かららら……ころろろ……」とうがいのような小さな声で雌に求愛を始める。この声は求愛給餌と関連していて、どうやら「はい、あーんして」という意味のようだ。これを聞いた雌は反射的に体を伏せ、翼を半開きにして震わせながら「アワワワ」と鳴き、餌乞《ご》い姿勢をとる。恐らくハシブトガラスが抱卵中の雌に餌を渡す時の音声も同じものだ。単純に餌の受け渡しに留まらず、2羽で寄り添っている時にも「かから……」と鳴くことがあるので、つがい間の関係性を維持する意味があるのだろう。ハシボソでは一度しか聞いたことがないが、「かぁ……くぅ……」というような、ごく小さく、かすれた声だった。彼らの愛の囁《ささや》きは、声が小さすぎて観察者には聞こえないのだろう。

なお、少なくともハシブトガラスにおいては、雄の声に対する雌の反応は反射的なものであるらしく、私が雌に向かって「かから……」と鳴いたら餌乞いされたことがある。偶然かと思ってもう一度やったら、やっぱり同じように反応した。念のためと思って3度目をやったら、「アワワ」と鳴きかけてやめ、ものすごい勢いで威嚇された。さすがに何かおかしいと気付いたのであろう。

またハシボソガラスの雄は高揚した気分を持て余すかのように踊りだし、雌が尻尾を振って「ここまでおいで」と逃げ回るのを追いかけて行く。交尾の時期である。ハシブトガラスの交尾も同じようなもので、ハシブト君もサイドステップで踊ることがある。

そして産卵に至り、新たな繁殖の季節が始まってゆく。これが、繁殖個体の生活である。

ところで、カラスも野生動物である以上は天敵がいる。

まずはフクロウ類だ。カラスといえども夜間は苦手である。昼行性の鳥類であっても「鳥目」と言われるほど夜目が利かないわけではないのだが、視力は昼間よりも格段に落ちる(人間も鳥目とは言わないが、だからって無灯火で運転するのは危険なのと同じだ)。警戒能力の落ちる夜間にフクロウに襲われると、捕食されることがある。シートンの描いた老練なカラス「銀の星」さえも、ワシミミズクに襲われて最期を迎えていた。

そのせいだと思うが、カラスはフクロウ類が大嫌いである。日中にフクロウを見つけると断固として攻撃を加え、追い払ってしまう。カラスの集団に見つかるとフクロウの方が大怪我をしたり、逃げようとして窓にぶつかって死んでしまったりすることもある。下鴨神社では小型のフクロウであるアオバズクが繁殖していたことがあるのだが、日中、木の洞《ウロ》の中でアオバズクが「ホウホウ」と鳴いた瞬間、周辺のカラスがハシブト・ハシボソとも一斉に鳴き声をあげ、糺《ただす》の森が騒然となった。アオバズクはハトほどの大きさで昆虫食性だからカラスの敵になるとは思えないが、フクロウっぽいものは全て敵とみなされるのだろう。

欧米にはこの習性を利用したクロウ・シューティングと呼ばれる狩猟方法がある。まずフクロウのデコイ（囮《おとり》の模型）を地面に置く。それからカラスの悲鳴を流す。悲鳴を聞いて様子を見に来たカラスが目にするのは、にっくきフクロウ。そこでカラスは大声で騒ぎ、それを聞いた仲間たちがさらに集まる。集まったところを銃で撃つのである。するとフクロウの横にカラスの死骸が転がることになるから、これを見かけたカラスは余計にエキサイトしてフクロウのデコイに襲いかかる。そこでまた撃ち落すという方法だ。

もう一つの天敵は猛禽類である。日本ではオオタカがカラスを捕食する。狭山《さやま》丘陵で見つかったオオタカはもっぱらカラスを食べていたらしく、カラスのねぐら入りコースで待ち伏せてはカラスを襲っていたという。オオタカの大きさはカラスとほぼ同じだが、さすがに猛禽の戦闘能力は極めて高い。

そういうわけで、カラスは猛禽も嫌いである。猛禽を見かけると物凄い勢いで向かって行き、追い出そうとする。縄張りを持たない非繁殖個体であっても、集団で追い払ってしまう。だからハイタカやオオタカやトビがカラスにつきまとわれて迷惑そうに逃げて行く、というシーンをしばしば見かけることになる。

基本的にスカベンジャー（掃除屋）であるトビなど、絶対にカラスの捕食者ではないのだが、頻繁《ひんぱん》にカラスに喧嘩を売られている。一つには餌が競合するからかもしれないが、猛禽っぽい形をしたものは全て嫌いなのではないかと思う。チョウゲンボウのような、大きさからしてカラスの敵ではなく、餌も競合しない相手にでも喧嘩を売るからである。

もちろん、猛禽が本気で反撃すればカラスの方が無事では済まない。よく見るとトビが怒って攻撃のそぶりを見せただけでもサッと避《よ》けている。大抵の場合は、猛禽がカラスの相手をしないで逃げてしまうから、本気の戦いにならないのである（カラスは複数のことが多いので反撃しにくいというのも理由だろう）。猛禽にしてみればカラスと戦ったところで益がなく、万が一怪我でもすれば大損で、大騒ぎされたせいで獲物もみんな逃げてしまい、さっさとカラスなど振り切って餌を探しに行きたいのであろう。

一度だけ、オオタカの若鳥がかなり本気でカラスに反撃した瞬間を見たことがある。1羽のハシブトガラスが大声で鳴きながら、全速力でオオタカを追跡していた。カラスが追いすがって来たのを見たオオタカは体を傾けて素早く右・左・右と切り返し、小刻みなジグザグ飛行を行った（戦闘機でいうシザース機動）。これについて行けないカラスはオオタカに追突しそうになり、慌ててオオタカの上を飛び越えようとした。その瞬間である。オオタカがグイと体を起こし、大きくのけぞり、ついには尻尾を前にして背面飛行を始めた。それと同時に手品のように脚が出てくると、体を回転させた勢いを乗せて下からカラスを蹴《け》り上げた。

はっきり言えば、その瞬間、「あ、カラス死んだ」と思った。物凄い爪がカラスの腹に向かって突き出されたからである。だが、カラスは咄嗟《とっさ》に90度横転し、間一髪のところで爪をかわした。だが、高速を保ったままバンクした結果、カラスは旋回して見当違いの方向にすっ飛んでしまい、その隙にヒョイと飛行姿勢を戻したオオタカは何事もなかったかのように飛び去った。シザース機動からのプガチョフズ・コブラ

（迎角90度を越える特殊飛行、ミグ29やスホーイ27がエアショーで披露したので有名）という大技を軽々と繰り出す、戦闘機のような鳥が相手では勝ち目はない。だから運の悪い遭遇をしてしまうと、カラスといえども生涯を閉じることになる。

さて、一体、カラスはどれだけ生きるのか？

10年ほど前、ロンドン塔で飼われていたワタリガラスが60歳を越えたという報道があった。ハシボソガラスも飼育下で40年ほど生きた例があるようだ。ごく大雑把に、鳥の野生状態での寿命は飼育下の半分と言われるから、これに従うとワタリガラスで30年、ハシボソガラスでも20年は生きるという事になる。これは平均寿命だから、中には野生でも30年、40年と生きる個体がいるかもしれない。

なお、鳥は全般に長生きである。スズメのような小鳥でも飼えば10年生きた例があるし、ツルやオウムだと70年とか80年とかいう記録があると聞いた。ハツカネズミ（体重はスズメくらいだ）の寿命が2年あるかどうか、という事を考えると、鳥類は哺乳類と比べて、体サイズの割に非常に長命である。

カラス君の家庭の事情

神田川とニートとちゃぶ台返し

あれ、ハシブトがこんなところに。とちょっと心配に思った。なぜなら、そこはお隣のハシボソガラスの縄張りとのほぼ境界線で、しかも、すぐ近くに巣立ち直後の雛を連れたハシボソ雌がいたからである。ハシブトはハシボソをそんなに恐れてはいないが、子連れとなればハシボソも全力で迎撃しかねない。とはいえ、ハシブトも子育て中だから、頑張って餌を探しているのだろうが……。

ハシブトガラスは地面に注意を向けている。おにぎりの一部みたいなものが落ちているのだ。ひょいと地上に舞い降りると、ぱくっとくわえて地面を蹴り、元の枝、ではなくて引き返さずに別の枝に止まった。そこに雛がいて、ぱかーっと赤い口を開けて餌をねだった。ハシブトガラスはその口の中にくちばしを突っ込もうとし、直前で動きを止めると、じーっと雛の顔を見た。まず左目で確かめ、次に右目で確かめ、体を引いて両目で見た。そして雛のすぐ右にはハシボソガラスがいて、凍りついたように自分を見ていることに気付いた。慌てて振り返ると、自分の縄張りは背後。そう、餌に気を取られて、隣の縄張りに入り込んだ上に、よその子にご飯をあげるところだったのである。

大慌てで飛んで帰るハシブトガラスの背中に向かって、やっと硬直が解けたかのようなハシボソガラスの怒声が響いた。そりゃハシボソのお母さんも驚いたことだろう。いきなりターミネーターばりの図体のでかいのが入ってきて、赤ん坊に「はい、あーん」と食べさせようとすれば。

これは、1998年に下鴨神社の境内で起こった実話である。カラス君の家庭は波乱万丈、いろんなエピソードに満ちている。

そもそも、カラスの事を知ろうと思った時に非常に困ったのが、カラスには普通の小鳥の調査方法が通用しなさそうだという事だった。鳥を対象とする王道のような（?）研究といえば、調査許可を取り、かすみ網で鳥を捕獲し、計測し、標識して個体識別を行い、その個体がどこで、いつ縄張りを作って、何羽の雌と交尾してどれだけの子供を残したかを記録し、「よって○○な形質をもつ雄は繁殖成功度が高い」といったものだ。ところが、大学院当時の指導教官であった山岸哲先生がゼミ中に冗談半分に述べられたのが「カラスは行動圏広すぎて見えねえ、捕獲できねえ、標識できねえ、年齢わからねえ、性別わからねえ、巣が高すぎて覗《のぞ》けねえの三重苦どころか五重苦、六重苦。だからオレはやめた」、カラスは行動生態学的な観点で観察しようとすると、どうにもやっかいな鳥である（それでいて猛禽ほど人気も希少性もないから、余計に誰も調べない）。仕方ないので、私は巣から出てゆくカラスから目を離さずに追跡することにした。個体までは識別できなくても、「ペアのどちらか」まで絞れば「誰だかわからない1個体」よりは良いデータがとれる（見慣れてくると雄か雌かもだいたい見当がつく）。この方法で、それぞれのペアがどのような場所をどう使っているか観察していたのだが、これは高層建築のない場所だからできたことである。それでも、飛びまわるカラスを追いかけるにはとにかく土地勘とカラス勘が必要で、ハシボソガラスを追えるようになるのに1年かかり、行動圏の広いハシブトガラスでは2年以上の時間が必要だった。第一、最初の年はハシボソガラスの追跡を開始したとたんに雄（忘れもしない、あれはα君だ）が怒って給餌そっちのけで私を威嚇し始めたので、営巣期の観察は翌年までおあずけになってしまった。別のペアでも1年目にはものすごく威嚇され、2年目もかなり気にしていたが、1時間に1度、向こうが偵察に来るというところで手を打ってくれた。時々、カラスがすーっと飛んできて枝に止まり、こっちが悪いことをしていないのを確認しては戻ってゆくのである。観察しているのかされているのかわからない。こういった経験をして対象動物との間合いを計れるようになるまでは、実効的な調査はなかなかやりにくい。

さて、そんな風にひたすらカラスの後を付いてゆく、という観察をしていると、様々な光景を目にすることがある。

カラスのガキ（やんちゃなので、敢《あ》えてガキと呼ぶ）は騒々しく、頼りなく、面白い。すきあらば「くわー！」と鳴きながらいろんな物をくわえる。巣の中にいる時から、巣の前で揺れる葉っぱをくわえて引っ張ったりしている。そうでない時は、巣の縁に顎を載せて寝ている。

最初に、ハシブトガラスがハシボソガラスの雛に給餌しそうになった、というエピソードを書いたが、あれは恐らく、赤い口をぱかーっと開ける相手には反射的に餌をやってしまうからだろう。鳥類では黄色いくちばしとか、口の中の鮮やかな色とか模様が「ここに餌をやれ」というサインになっていて、繁殖期の親鳥は「これを見ると餌をやりたくて仕方がない」という気分にさせられるようである。雛の方も、大きくて黒いものに対しては反射的に口を開ける。カラスの巣の中を撮影しようとして、10メートルほどのポールの先にビデオカメラを取り付けて伸ばしてみたことがある。揺れがひどくてほとんど何も写っていなかったが、なんとか識別できたのは、黒いビデオカメラに向かって開いた3つの赤い口であった。

巣立ってからも、親はちゃんと餌をくれる。だが、次第に「勝手に食え」というようになる。雛は親の前で腰をかがめ、翼を半開きにして震わせながら「グワア」「くわあ」などと鳴くベギング（餌乞い行動）を行うのだが、親はプイッと横を向いてしまう。するとまた正面に回りこんで「くれくれ」とねだる。そのうち根負けして餌をくれるが、時には「ガア！」と怒られることもある。面白いのはドングリのようなつまらない餌だと雛もあまり欲しがらないが、大きなミミズやセミの幼虫のような「ご馳走《ちそう》」だと必死で「食べたい食べたい食べたいよう」とねだることだ。後の章で詳しく述べるが、採餌行動が複雑なハシボソガラスではこのようなやり取りがよく見られる（地上でやっているので、目につきやすいのも理由だ）。

この時期の雛はいろんなものをくわえる。親がやることを真似ているのだろう。ハシボソガラスの両親がヒョイヒョイとドングリや昆虫を食べる横で、じーっと地面を見ていた雛が「これだ！」と拾い上げるのは、だいたいが落葉とか、枯れ枝とか、石ころとかである。かと思うと低く飛ぶチョウを捕まえようとピョンピョン飛び跳ねていることもある。これも勿論《もちろん》、やるだけ無駄だ。しかし、子猫のようで見ていてかわいい。

ところで、カラスは「うちの子」がちゃんとわかっているのだろうか？　人間の目から見ると、巣立ち直後のカラスの雛は種類すらよくわからない事がある。隣の子に餌をやりそうになったハシブトは寸止めしたから、一応、見ればわかるのだと思うのだが、どうも怪しいと思うこともある。

奈良市の平城宮跡で観察していた時のこと。平城宮跡は一面の草地で、ハシボソガラスがいる。周辺は住宅や駅前で、ハシブトガラスがいる。私が見ていたのは、雛を3羽連れたハシボソ一家と、そのお隣のやはり雛を3羽連れたハシブト一家であった。両者が近鉄線の架線に止まろうとして接近しすぎ、空中で大乱闘になってしまった。正確に言えば乱闘していたのは両家の親鳥で、雛たちは興奮して無闇に飛び回ってみただけであったが。この騒ぎがおさまって集団は2つに別れ、ハシブトは架線とその向こうの木立に止まり、ハシボソは草地に下りて、母親を先頭に地上で採餌を始めた（雄はどこかで警戒中）。地面をヒョイヒョイとつつく母親の後ろを、もう結構

▲子猫に負けない愛くるしさはあまり知られていない

上手に採餌しながらついて行く4羽の雛たち。ちょっと待て4羽だと？　1、2、3、4……やっぱり4羽いる。一番後ろの子は歩くのが下手だ。しかもちっとも地面をつつかない。前を行く兄弟たちを「何してんの？」と言いたげに首をかしげて眺め、置いて行かれそうになるとピョンピョン、トタトタとホッピングしながら追いかける。おまけにくちばしが大きい。お前、ハシブトガラスだろっ！

前を行くハシボソガラスの親はまるで気付いていないようにトコトコと歩いて行く。が、ひょいと振り返って子供達を確認し、また歩き出してから「あれ？」と二度見、三度見した。さすがに「何かおかしい」と気付いたのであろう。それから子供の顔を確認するように近付いて来ると、最後尾のハシブト雛に向かって威嚇を始めた。雛にしてみればなんで怒られるのかさっぱりわからなかったに違いなく、あわれっぽい声で「グワア、グワア」と悲鳴をあげた。途端、我が子の声を聞いたハシブトガラスの親鳥が反射的に反応、「ガラララ！」と威嚇音を上げながら突入。再びの大乱闘である。ここでさらに入り混じったら収拾つかんなあ、と心配したのだが、幸いにしてちゃんとハシブトの雛3羽、ハシボソの雛3羽が親元に戻り、迷子騒動はなんとか収まった。

子供の顔を間違えるというのも人間にしてみるとひどい話だが、「よその子の世話

▲自分が何者であるかなんて、小さな問題だ

をしそうになった」のはまだいいとしよう。だが、カラスがペアの相手を見間違えたのではないか？という例も見た事がある。

京都、高野《たかの》川《がわ》の御《み》蔭《かげ》橋《ばし》あたりに住んでいたハシボソガラスのペアがいた。ところが、下鴨神社に営巣しているハシブトの1ペアが、頻繁に高野川の向こう岸に採餌に出かけており、そのたびにこのハシボソの縄張りに侵入しては飛び抜けて行くのである。ハシブトにしてみれば「通るだけなんだからいいだろ」という事になるだろうが、ハシボソにしてみれば我が物顔で領空を通過されるのは気に入らないから、見つけるたびに怒る。

ある時、2羽のハシブトガラスが堂々と

領空侵犯をやらかし、高野川左岸に向かった。これを真っ先に見つけたハシボソ雌が

スクランブル、ものすごい勢いで追い散らしにかかった。雄は離れた所にいたのか出

遅れ、橋のたもとの料亭の屋根で周囲を監視。この時、ハシボソ雌と侵入者2羽は既

に対岸に達してビルの陰に入り込んでおり、ハシボソ雄からは見えなかったと思われ

る。私の位置からはハシボソ雌に追われて低空を東へ逃げるハシブト2羽がよく見えた。

　さて、ハシブト2羽を首尾良く追い払った雌は、ゆったりと川を飛び越えて引き返して来た。途端、料亭の屋根で監視を続けていたハシボソ雄が大声で鳴き始めたのである。雌は後ろにまだ何かいるのかと飛びながら振り返っているが、ハシブトは追い払ってしまったし、他には何もいない。ところが、自分を迎えてくれるはずの雄は自分の方向に向かって威嚇を続け、のみならず何かを迎撃するように急発進したのだから、雌も困惑したに違いない。

　雄は明らかに、雌に対して衝突進路を取っていた。そして、まさにぶつかる直前、ピタリと鳴くのをやめて、急激に右に進路をずらし、雌の横をすり抜けた。その時、雄がグイと首を伸ばして相手の横顔を確認していたのを、確かに見た。それから雄は黙って反転すると、何ごともなかったように、雌と並んで帰って来た。

もうおわかりだと思うが、この雄は明らかに、雌を侵入者と勘違いしていたはずだ。直前に気付いたので黙って誤魔化したのであろう。

本人にもわからないくらいだから絶対に人間にはわからない、と思われがちなカラスの顔だが、よくよく見ればそれなりの特徴があり、ナチュラルマーキング（傷跡や模様のパターンや色変わりなど、動物に自然に備わっている識別可能な特徴のこと）と組み合わせれば個体識別ができないわけでもない（全くできない事もよくあるが）。下鴨神社で一番仲良くなったハシボソガラス、αとβというペアは、多分、顔だけで識別できていたと思う。αはスラリとした、ちょっといかめしい顔の雄で、1998年頃に左翼を脱臼《だっきゅう》したらしく、翼を垂らしていることが多かったから、余計にわかりやすかった。嫁さんのβは小柄でくりんと丸い、いつもちんまりと首をかしげて歩いているかわいいカラスだった。この2羽に気付いたのは95年頃だと思うが、それ以前からいた可能性が高い。96年に調査を開始して以来、カラスの研究を一時中断する2000年頃までずっと見ていたのだが、不幸な事にこのペアはよっぽど弱小だったのか、縄張りがひどく狭くて、ほんの3ヘクタールほどしか無かった。ゴミの拾えるポイントもほとんど無いので、常に餌不足に陥っていたと思われる。そのせいかと思うが、長い間見ていたのに巣立ち雛を見たのは2回だけ、それもすぐいなくなっ

ハシボソガラスのα君

ハシボソガラスのβちゃん

てしまったので、独立まで生き伸びられなかったのだと思う。それでも仲良く毎年巣をかけていたαとβだったが、2001年頃、この調査地でちょっとした騒動があった。まず、小さなねぐらができてしまったため、その周囲から繁殖個体が逃げ出していたのだが、その結果、周辺の個体が大きく押しやられた。私はこの頃、ちょっと他の研究をしていたのだが、ハテαとβはどうなったか、と見に行くと、αはいつもの縄張りにいた。だが、βがいなかった。代わりに大柄でスラッとした雌がいた。外見も大きさも態度も、絶対にβではない（βなら私を見ても逃げたりしない）。どうやら、カラスにも離婚があるのか、それとももとうとうβは死んでしまったのか、と思いながら、数年間、ちゃんと観察する機会がないまま過ごした。そして、2005年頃である。再びここを訪れると、やはり、いつもの場所にαがいて、やっぱり左翼は垂らしたままで、その横には例のモデルっぽい大柄な雌がいた。やはりβはいないのだ、そう思って神社を出ようとした時に、一ノ鳥居のあたりで小川の向こうを歩いている小柄なハシボソガラスに気付いた。くりんと丸くなって、ちまっと首を傾げながらこっちをじーっと見ると、ちっとも怖がらずに採餌を続けながら近寄って来た。そして、ほんの2メートルほど先で小首をかしげてこっちを見上げた。

これはβだ。客観的な証拠はないが。

βらしき個体の後ろには、若い雄っぽい個体がこちらを警戒していた。あのハシボソはさっきも見かけて防衛行動をとっていたから、ここはあの個体の縄張りなのだろう。ということは、αと別れたβは、ほんの数百メートルのお引っ越しをして、ちゃっかり若いオトコを捕まえていた、という事になるのか。彼等の配偶関係に一体何があったのか、これだけでは全然わからない。残念ながら東京にきてしまったので、αとβの物語のその後も、今はわからない。

学術的な話をしておくと、カラスの離婚率は低いと考えられている。これは珍しいというべきで、鳥類は婚姻《こんいん》関係が長続きしないものが多いのだ。たとえばツバメは毎年のようにペアが変わる。そもそもいつ死ぬかわからないので、来年も同じ相手が生きて同じ繁殖場所に辿《たど》り着くとは限らない。そこまで極端でなくても、相手がイマイチであると判断した場合（繁殖成績が悪いとか、巣が外敵に襲われるとか）、ペアを組み換えてしまうという鳥は珍しくない。そんな中で、カラスについてはオーストラリアのミナミワタリガラスの離婚率が0パーセント、という数字を見たことがある。キャプションを読むと観察期間は数年でペア数もあまり多くはなかったのだが、他の鳥と比べて低いのは間違いなかろう、という印象だった。αとβが離婚したとすると、毎年20ペアほどを5年、10年と見ていれば離婚や再婚も1例くらいは見つかるかもね、というレベルなのかもしれない。私が見たのは「多分、離婚だろう」という程度だが、黒沢令子の観察では2羽目の雌が押しかけ女房よろしく縄張りに入り込んで来た例も報告されている。カラスで一夫多妻や多夫一妻は知られていないが、コロニーに近い集団繁殖を行うミヤマガラスでは、つがい外交尾がちょくちょく見つかっている（鳥類は一般に、結構多い）。しかも、経験を積んだ順位の高い雄である方が、雌に受け入れられやすいとか。こういった婚姻関係の深い話はなかなか面白いのだが、調査するには個体識別をして長期間観察する必要があり、カラスのように長命でしかも捕獲しにくい鳥では、なかなか調べにくいようだ。3年やそこらで結果を出さないと「仕分け」、と言われては尚《なお》の事、誰も手を出すまい。

ところで、カラスの雛が巣立つ時には劇的な出来事は何もない、と書いた。では、子供が独立する時には、何があるのだろうか？

ハシブトガラスではよくわからない。ある日、突然消えている例が多かったからである。夏になると縄張りの中で雛を見かけない日がでてくるので、だんだんと「外泊」する日が増えて、やがて家に戻らなくなるというパターンなのかもしれない。

ハシボソガラスでもだいたい同じだ。2羽いた雛の1羽がヒョイといなくなったかと思うとまた2羽に戻り、また数日で1羽になり、とうとうもう戻らない、というような場合だ。少なくとも9月か10月頃まではそんな感じだ。だが、独立が遅くなると、親が怒り出す。特に雄親が怒る。

中村の研究によると、雄と雌の反応に温度差があるので雛が混乱せず、独立がうまく行くのではないか、との事である。どうやらその現場らしい光景を何度か見た事があるのだが、雄がもう大きくなった雛を追い回すと、雛は慌てて雌の後ろに隠れるのだった。雌は積極的に喧嘩には参加しないのだが、右を見ると雄がえらい勢いで怒っており、左を見れば子供が隣に来ており、どうしていいかわからずに左右を交互に見ていて、非常に困っている様子だった。そのうち雄が雌を飛び越えて雛を攻撃にかかったため、結局3羽でばたばたと飛び回っていたのだが、決して雌が積極的に攻撃に参加しているようには見えなかった。有り体《あてい》に言えば、頑固親父が卓袱台《ちゃぶだい》をひっくり返して「出て行けぇ！」と叫ぶのを前に「あらあらお父さん、もう許してやって下さいな」とオロオロしている昭和の母のようであった。

出てゆく時はこんな感じだが、出て行った子供が戻ってくる事もあるようだ。標識していたわけではないので断言はできないが、1ヵ月ほど前に独立した雛によく似た幼鳥が縄張り内で堂々と餌を採っていた事があるからだ。この時も雄がずいぶん怒っ

▲ちゃぶ台返しだって愛情のカタチ。もちろん、食べ物は粗末にしない

ていたが、雌は比較的優しかった。そして、雄にしても、全くの他人に対する攻撃に比べれば手加減しているように見えた。

雌親より厳しいとは言え、雄が雛に興味がない、というわけでは全然ない。抱卵・抱雛《ほうすう》は行わないけれど給餌はずっと続けているし、一度だけ、ハシボソの父親が抱雛ではないが雛を守ったのも見た事がある。確か雛が生まれて2週間近く、雌が巣を空けている時間が長くなった頃である。突然、冷たい強風が吹き荒れたと思うと、バラバラと雹《ひょう》混じりの氷雨が降り始めた。巣は落葉樹にあってまた葉が伸びていないため、吹き晒《さら》しだ。近くには雄しかいない。その時、ためらいがちに巣にやって来た雄は、翼を広げて巣の上に立ち、雛をかばったのである。ほんの1〜2分で雌が戻って来て、雛を抱き始めたけれども。

では夫婦仲はどうかといえば、少なくともハシボソガラスの雄は餌に関しては結構シビアである。ペアの間での優劣関係はどうなっているのだろうと思って餌を置いてみた事があるが、雄は来るなり餌を独占し、雌には全く譲らなかった。良い餌と悪い餌があったらどうするだろうと思って食パンとソーセージを5ミリ角に刻み、一山ずつ置いてみると、雄はまずソーセージをがばがば食べ、雌が食パンの方に行こうとすると駆け付けてそちらも食べ、口の中が一杯になると素早くどこかに隠して大急ぎで

▲食べ物を前にすると、まわりがまったく見えなくなる……？

戻り、残ったパンをつついている雌を威嚇してほとんど全部を自分で食べてしまった。これは繁殖ステージや普段の餌条件にも影響されるだろうから、この観察だけでは答えは出せないけれども、ちょっとひどい。

一方で、雌にねだられると弱いハシボソ雄も見た事がある。賀茂川を流れて来たビスケットの箱を見つけて、ビスケットを数枚取り出すと堤防の上に持って上がり、食べ始めた雄がいた。これが巣から見えたものだから、雌が飛び出して来て「欲しい欲しい」とねだるので、残っていたビスケットを分けて食べた。さらに雌が「もっとくれ」と言うので雄は再び水際に下りたのだが、この時たまたま、1羽のアオサギが飛来して、事もあろうにビスケットの箱のすぐ横に舞い降りてしまった。アオサギはもちろん魚を狙うつもりだったので、ビスケットには目もくれていない。だが、カラスにしてみれば見上げるような巨体がご馳走の隣に突っ立っているのだ。ハシボソ雄は横目でチラチラとアオサギを窺《うかが》いながら、横向きにチョコチョコと寄って行く。と、それに気付いたアオサギが「？」と顔を向ける。途端にカラスはピョン！　と横っ跳びに逃げる。別にアオサギはカラスを襲ったりはしないだろうが、頭上から槍のようなくちばしを向けられるのはやはり怖いらしい（それにアオサギは素頓狂《すっとんきょう》ながら何を考えているかわからない目をしていて、ああ鳥の祖先は恐竜なんだな、と妙に納得する時がある)。アオサギが水面に向き直ると、またにじり寄る。アオサギが「さっきから何?」と顔を向けるとビクッと飛び下がる。そうやってジリジリと箱に近づいたカラスは、物凄く腰の引けた体勢のまま、首だけ伸ばしてビスケットを引ったくるなりバタバタと飛んで雌の元へ戻って来ると、「やってやったぜ!」と言わんばかりに鳴き声を上げた。そして意気揚々とビスケットの箱をくわえ逆さにして振った。それから箱の中にくちばしを突っ込み、顔を近付けて覗き込み、さらに紙箱を破って中を確かめた。箱の中にビスケットは残っていなかった。

もちろん、雌が見張っているのは雄の持ってくる餌だけではない。抱卵期のハシブトガラスでは雌が防衛の主体となる、としている調査結果もあるのだが、これは雌が巣という高い見張り場でじっとしているからだろう。比較的縄張りが狭く、巣の周辺で採餌しているようなハシボソガラスのペアでも、真っ先に空中の侵入者に気づくのは雌、という事はよくあった。雌は鳴くだけの事もあるが、自分から飛び出すこともある。こんな時、雌の声を聞いた雄はサッと顔を上げると同時に地面を蹴り、風切羽のヒュンヒュンという唸《うな》りを残して全力で羽ばたきながら雌のもとへ駆けつけてゆく。

実は、本当にヤバい相手には雌は立ち向かわないのではないか? という観察もい

くつかある。スイスで研究された例では、ハシボソガラスの雌は人間や猫など、大形で危険そうな相手からは距離をとっており、接近して威嚇していたのは雄だったという。円を描くように前後から挟み撃ちにする場合でも、敵の正面に回るのは雄である事が多いそうだ。確かに、私の見た例でも、巣の下に猫がいてその近くで雄が怒っており、雌はずいぶん高いところでガーガー鳴いているだけ、という事がしばしばあった。ハシブトガラスやオオタカ相手の時もそうだ。βに至ってはハシブトガラスとαが頭上で大喧嘩をしている間、黙々と地上で餌を探し続けていたことがある。産卵前で栄養をつけたかったのだろうが、一声くらい鳴いてやれ。先のスイスの研究によ

ると、雄が強敵に向かって行った時、雌が後ろで鳴いている方が雄は頑張って戦うという。この論文ではこれを「雌による応援行動」と名付けている。
最後に、カラスの雌雄について触れておこう。ハシブトでもハシボソでも、体の各部を計ると平均値では雄の方が大きい。だから大きいのが雄、と言いたいところだが、小柄な雄と大柄な雌ではサイズが逆転する場合がある。第一、並んでいないと大きさは比較しにくいし、羽毛の状態でも印象は変わる。行動面では交尾や抱卵を見ればわかるが、他の行動はちょっと微妙だ。ただし、抱卵・抱雛期の雌は腹に抱卵斑ができる。抱卵斑それ自体は見えないにしても胸から腹あたりの羽毛が乱れて、白い斑

点があるように見える事が多い。

個人的な見解だが、ハシボソガラスの雄はくちばしが長く、眼上の隆起が大きく、風切羽が長く、下尾筒《かびとう》（尾羽の付け根部分の下面）がフラットで長い。雌は、雄よりも全体に短くて丸い事が多い。また、雄は首を見せびらかすようにグッと伸ばしており、首が太くて長い、という印象がある。ハシブトの場合、逆に雄の首が短く見える。実際にはむしろ長いのかもしれないが、それ以上に太く、猪首《いくび》に見える気がするのだ（羽毛を立てているだけかもしれないが、捕獲して手に持っても太く感じるという）。雄はくちばしも隆起が大きく先端が鈍いような気もするが、この辺は個体差が非常に大きいので何とも言いにくい。

いずれにせよ、かなり微妙な区別である。カラス屋でも「必ずわかる」と豪語する人には会ったことがない。控えめな人なら「全然わからない」と答えるくらいだ。

カラス的グルメ

私、マヨラーです

暑い。まだ6月だが気温は30度を越えていそうだ。そして、探しているカラスがいない。

探しているのは97Aと名づけたハシボソのペアの雄。だが、もう2時間も探しているのに全然追跡できていない。仕方ない、巣の前に戻って待とう。仕切りなおしだ。紀の森に入るとスッと汗がひく。木陰を吹く風が心地よい。最初からここで待っていれば良かったと思っていると、あっさり97A雄が帰ってきた。カラスは何かをくわえている。白くて細長い。

ちょっと待て。お前、人が炎天下を走り回っていたというのに、アイスキャンディーをくわえて来て自分だけ食おうってのは、どういう了見だ？　一体、どこで拾ってきた？　俺にも半分よこせ。

という私の怒りの視線を知るよしもなく、ハシボソ君はヒョイとシュロの木のてっぺんに止まると、アイスを一度足元に置いて、葉の根元にたまった落ち葉をくちばしでくわえてどけ始めた。え？　まさか？　と思って見ていると、彼はその中にアイスキャンディーを隠し、大きめの落ち葉を1枚かぶせ、上からさらに落葉をかけて丁寧《ていねい》に埋め戻し、くちばしで表面をならして整えてから飛んでいった。

カラスの貯食行動は何度も見たが、まさかアイスキャンディーを隠すとは思わなかった。取り出したおやつが棒だけになっていた時のカラスの顔を見損ねたのが、返す返すも残念でならない。

カラスは何でも食べる。極端な雑食性だ。さすがに落っぱは食べないようだが（鳥類は一般に、消化に時間がかかる上に栄養価の低い葉はあまり利用しない）、種子類、果実類、昆虫、魚、トカゲにヘビにカエル、鳥、ケモノ、どれも食べる。死骸を漁るのも得意だ。

生態学的ピラミッドといわれる栄養段階の模式図がある。一番下に生産者（陸上ならば植物）、その上に一次消費者である草食動物、その上に二次消費者である肉食動物、と描いてゆくと、カラスは生産者以外の全ての段にちょっとずつ関《かかわ》り、さらに死骸を食べるスカベンジャーとしても生態系に関ることになる。スカベンジャーとは生物界の掃除屋の事だ。アフリカのサバンナであれば、ライオンが獲物を倒して食べている後ろにハイエナ、リカオン、ジャッカル、シロエリハゲワシなどが控えて待っている（ハイエナが倒した獲物をライオンが分捕って、という例も少なくないそうだが）。栄養段階の中で1段だけに収まるような単純な生物は実際には少ないのだろうが、カラスほどどこにでもあてはまる生物も珍しいかもしれない。

一般論として、ハシブトガラスはやや肉食性が強く、ハシボソガラスは草食性（種子食性）が強い、と言われてきた。これは1959年の池田真次郎の研究に基づくものだ。農地付近で有害鳥獣駆除によって捕殺されたカラスの胃内容物を詳細に調べたという大変な研究であるが、添付された餌品目の表を見ると、「これは生物分類表か？」と思うほど、ありとあらゆる分類群の生物を食べているのがわかる（それを調べて、断片からミミズの種類まで同定した研究者の執念も恐ろしい）。以後、そういう大変な調査を大掛かりにやった人がいないので、この研究がスタンダードとして引用されているわけである。

▲生態系ピラミッドの常連さん

ただ、いくつかの研究を見ると、どんな場合でも「ハシブトは肉食」とは言えないようだ。例えば北海道の牧場付近では、ハシブトガラスが草食傾向、ハシボソガラスが肉食傾向を示した調査結果もある。ハシブトガラスは牛舎に入り込んで穀物飼料を食い、ハシボソガラスは周辺で昆虫を食べていたのだ。

ハシボソガラスだって肉が嫌いなわけではなく、見つければ大喜びで食べる。ハシボソガラスは英語ではCarrion Crowというが、キャリオンとは死肉のことである。イギリスではハイウェイの近くにいて、動物が轢《ひ》かれるとやって来て食べるというイメージらしい。単に、日本で彼らの住む場所では、種子類やミミズや昆虫の方が手に入る機会が多い、という理由かと思われる。

また、2種とも果実は大好きでよく食べる。カラスは果実食者の側面も強いのだ。人間が喜んで食べるような甘いものばかりではなく、サクラ、カラスザンショウ、エノキ、ムクノキ、クスノキといった樹木の果実も、よく食べている。エノキは甘くてうまいが、観賞用のサクラの実は概《おおむ》ね、非常にまずい。カラスザンショウは青臭くて辛《から》い。ムクノキは一応甘いが、ちょっと妙な後味がある。クスノキは熟すとそれなりに甘いが、食べるのが心配なほど樟脳《しょうのう》臭い。だが、鳥にしてみれば十分なご馳走なのであろう。

もちろん、カラスはこういった植物の種子を運ぶ、種子散布者としての機能も果たしている。カラスは体が大きく行動圏が広いので、広範囲に大量の種子を分散させるにはうってつけだろう。実際、冬のカラスの糞はクスノキの種子の集合体であったりする。また、ツタやウルシ、ナンキンハゼのような地味な乾果類も食べており、目立たないところで、多数の植物と共生関係にあると考えられている。乾果に甘い果肉はないが、表面に油脂を分泌して、種を運んでくれる鳥への報酬《ほうしゅう》としているのだ。

ましてやカキやビワなど、人間が食べても美味な果実を見逃すわけがない。果樹栽培にとってはやっかいな相手だ。さらにスイカやメロンも好きだ。トマトにも目がな

い。実家の裏は貸し農園になっているが、しばしばハシボソ一家が勝手にミニトマトを収穫していた。要するに、甘くて瑞々《みずみず》しい果実っぽいものはだいたい好きである。

一方で、基本的に野菜は食べない。特に生野菜は無視する。ただし、ハシボソガラスはキュウリなら食べる。のこのこと畝《うね》の中に入って行き、キュウリを1本もぎとって出てくると、ガツガツガツ！　とつついて粉砕し、砕けたキュウリを拾って食べてしまう。ハシブトガラスは食べていなかったが、餌の好みの違いなのか、キュウリをもぎ取って来るのが面倒だったのかはよくわからない。ハシボソガラスはキュウリが無くなるとナスに手を出したこともあるが、さすがに甘くもなく水気もないので、一口つついて放り出して行った。

芋類は生ではあまり食べないが、肉じゃがやフライドポテトはよく食べるし、焼き芋も大好きだ。調理して柔らかくなっていたり、甘みがあったり、油がからんでいたりすると食べるようだ。穀類も同様である。ハシボソガラスはたまに稲穂をしごいて米を食べていることがあるが、それほど好きそうには見えない。だが、炊いてご飯にしてあるとよく食べる。パンも同様である。

堅果では京都のハシボソガラスはドングリをよく食べていたし、関東以北ではクルミを食べることが知られている。ドングリは足で押さえてくちばしで殻をむいてチマチマと食べる。クルミは上空から落として割る。また、マツの実も食べる。酒のツマミや中華料理に使うくらいだから、結構うまいのだ。ハシブトガラスも、マツボックリをもぎとって種子をほじくり出して食べていることがある。

動物質のものでは昆虫をよく食べる。ハシブトガラスがわざわざ地面に降りて、引越し中のアリの行列を片っ端から食べているのを見たこともある。アリなんて固くて小さくて酸《す》っぱくてまずいだろうと思うのだが、無数にいる上に回転寿司よろしく向こうから流れてきてくれるなら、まあ食べてもいいということか(食べやすい卵や幼虫だけを狙っているのかと思ったがそうでもなかった)。バッタや甲虫《こうちゅう》も見つければあっという間にバラバラにして食べてしまうし、秋のカマキリやその卵嚢《らんのう》は大好物だ。

蝶《ちょう》や蛾《が》の幼虫も食べる。夏の終わりにモンクロシャチホコ(蛾の一種)の幼虫が一斉にサクラから降りて地中に潜ろうとすることがあるが、あの大きくて触ると痛そうな毛虫を喜んで食べるのはムクドリとカラスくらいである。くちばしの先でそーっとくわえて、地面でゴシゴシとこすって上手に毛を落としてから食べる。

セミも好きだ。ハシボソガラスはどうやってか羽化直前の幼虫が地下に潜んでいるのを探知し、地面を掘り返して食べてしまう。早朝にはまだ羽化直後のセミが残っていることがあるので、夏の朝はセミのいそうな木から木へと幹を見上げながら歩き回るカラスを見ることがある。

実は北海道にはカラスを讃《たた》える碑がある。開拓時代にバッタが大発生した時、どこからか現れたカラスとムクドリの大群がバッタを食い尽くして畑を守ったからである。非常に残念だが、私の知る限り、日本でカラスを讃える話はこれくらいしかない。

さらに、カラスは口にできそうな大きさの動物は何でも食べる。ハシボソガラスは地上を歩きながらドングリや昆虫を探しているが、ミミズがいれば喜んで食べる。石垣島《いしがきじま》のオサハシブトガラスも林道の際でミミズを拾って食べていたことがある。カマキリを食べていると寄生しているハリガネムシが出てくることがあるのだが、こういう時はハリガネムシを足で踏んで押さえておいてまずカマキリを食べ、それからハリガネムシも食べようとする（固くて切れないため非常に食べにくいようだが、むりやり3つに折りたたんで丸呑みした強引なカラスを見たことがある）。

ハシボソガラスは河原に下りて水生昆虫を探すついでにドジョウやヨシノボリも食べる。アメリカザリガニを食べているのもよく見る。そのために水の中を歩くこともある。一度、高野川の水中を歩いていたハシボソガラスが急に踊りだして、何事かと思ったことがある。どうやら水中で何かと遭遇したようだ、と思って見ていると、必死に羽ばたいてやっと離水したカラスは、なんと40センチもあるナマズをガッキと足に摑んでいた。おそらく、浅瀬を歩いているうちにナマズを踏んづけたのであろう。ちなみにこのカラスは一口ぶんだけナマズを食べたが、雛に給餌するために巣に戻っている間にトビがやって来て、ナマズをかっさらって行ってしまった。

海岸では貝類もよく食べているという。ウニを食べることもあり、1日で数千円ぶんのウニを食べているという試算もある。

もちろん両生類・爬虫類《はちゅうるい》も食べる。ただし、すばしこいトカゲを襲って食べるのは難しそうだから、たまたま機会があれば、という程度だろう。ちょっと意外な餌はヒキガエルで、カラスの胃内容や糞、ペリット（骨や種子などの不消化物を固めて口から吐いたもの）からヒキガエルの骨が見つかったという記録が複数ある。ヒキガエルは皮膚に毒があるので、これを捕食する動物はあまりいない。ハシボソガラスではヒキガエルを裏返しにして、皮を残すように食べてしまうので、背中の皮膚にあたる毒腺を避けて食べていることになるようだ。

さらに、鳥類も食べる。といってもカラスは猛禽と違って大した飛行能力も、一撃で獲物を仕留める爪も持っていないので、狙うのは主に卵と雛だ。この辺が鳥好きにも嫌われる理由だが、鳥の巣を見つけるとヒョイと入って卵をくわえて来る。時には力ずくで巣箱を破壊して捕食する。雛でも同じだ。巣立ち雛や成鳥を狙うこともあるが、見るからにヨタヨタのスズメの雛にさえ逃げられていたから、カラスの捕食能力は大したことがない。ハトを襲っている場面も何度か見たが、いずれも失敗して逃げられていた。捕食の方法としては、いきなり背中に飛び乗っておさえつけるというものだが、この時に爪を突き刺して息の根を止める猛禽とは違い、ハトが暴れると振り落とされてしまう。ただ、一度だけ目撃した捕食直後のシーンでは、背中に乗ってハトが死ぬまで首筋をガッツンガッツンとつつき、最後は頭をくわえてひきちぎってポイと捨てていた。この辺の「有効な武器を持たないが故の見た目のむごたらしさ」がさらにカラスの評判を落としている気がする。カラスにしてみれば大ご馳走なのだが……（しかしまあ、見た目に凄惨《せいさん》なのも確かではある。私の後輩は上から羽がハラハラと落ちてくるので足を止めたところ、次の瞬間にハトの生首が落ちてきて腰を抜かしそうになったと言っていた。ビルの上でカラスがハトを食べていたらしい）。

哺乳類も食えるなら食ってしまう。カラスの大きさと能力で食える相手は多くないが、ネズミをくわえて飛んでいるのは見たことがあるし、モグラらしいものもくわえているのを見た。東京の繁華街では正月になってゴミが出なくなるとネズミが狙われるという。石垣島のサトウキビの収穫直後の畑でオサハシブトガラスの集団がネズミを追い回しているのを見たこともある(取り逃がしたようだったが)。身を守れない子猫なども襲われることがある。要するに、カラスの戦闘能力でも勝てる相手なら何でも食ってしまう。これは生物のやり方として全く間違っていないのだが、なまじ戦闘力が低いために仕留めるのに手間取ったり、見るからに弱い相手しか襲えなかったりして、「残虐」「卑怯《ひきょう》」というレッテルを貼られてしまうのだろう。とはいえ、反撃能力のない小さな青虫を道路に叩きつけて食べる多くの小鳥が残虐で卑怯、と言われないのは、ひとえに「青虫に同情する奴はいない」という理由かと思われる。

とまあ、おおよそ思いつく限りのものを食べるカラスだが、一番印象的なのはやはり、ゴミ漁りだろう。これはカラスがスカベンジャーである事と関連している。

行き倒れたヌーか何かの死骸があれば、ハゲワシ達が見つけてどんどん集まってくる。他人の食べ残しや、落ちている死骸は掃除屋たるスカベンジャーが片付けてしまうから、自然界にはゴミが存在しない。ちなみに私は学生の頃はかなりの大食いで好

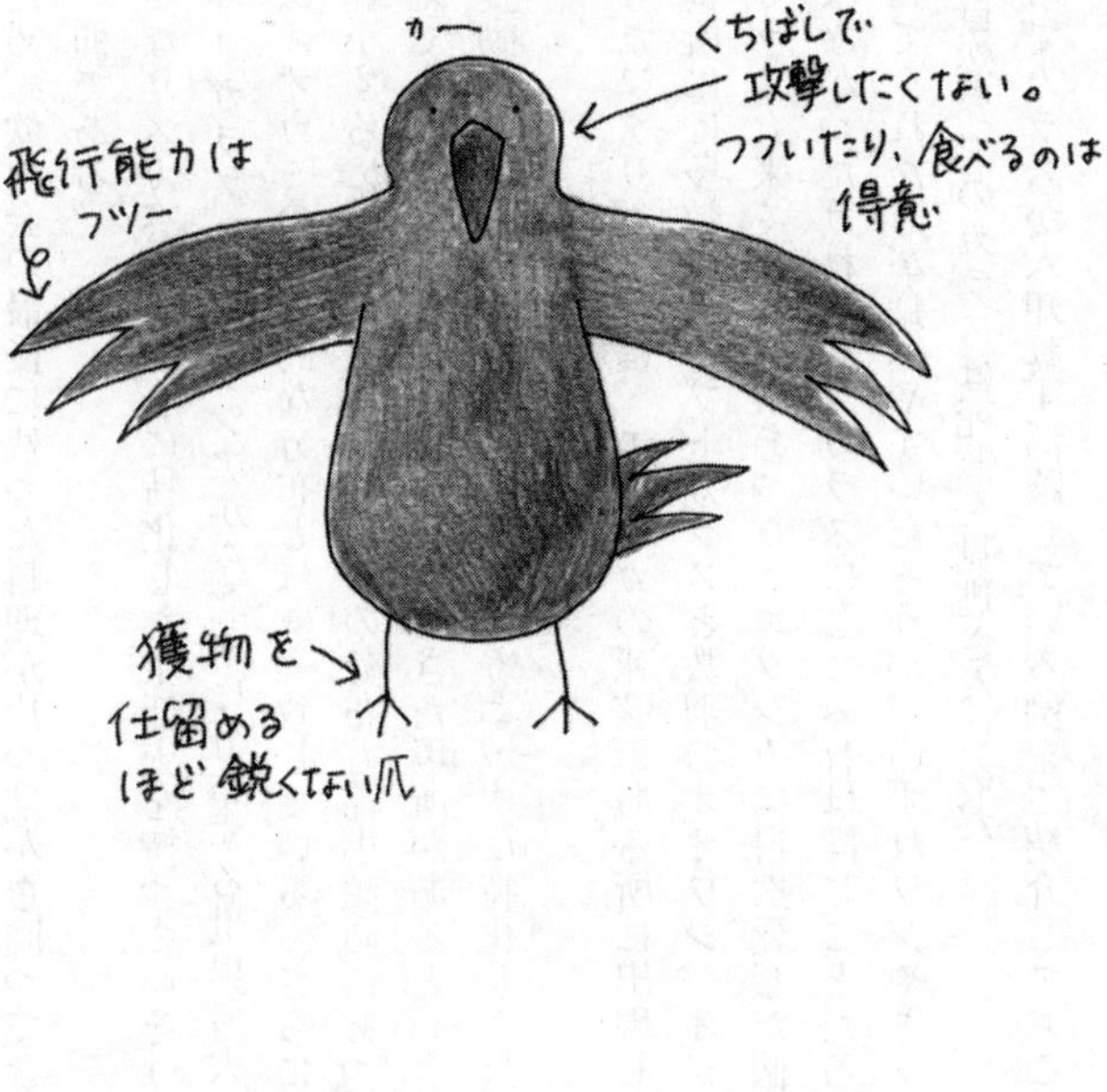
カー
くちばしで
攻撃したくない。
つついたり、食べるのは
得意
飛行能力は
フツー
獲物を
仕留める
ほど鋭くない爪

き嫌いも無かったため、飲み会の最後に残った料理が片っ端から回ってきた。これもスカベンジャーの一種である。

カラスの中でもかなりスカベンジャーに特化した生活史を持っていそうなのが、ワタリガラスだ。ワタリガラスはユーラシアから北米に分布する世界最大のカラスだが、実はこの分布はオオカミの潜在的な分布とほぼ一致している。さらに、北米ではオオカミの分布が縮小するにつれてワタリガラスの分布も縮小傾向にあったが、その後、コヨーテが増えてくるとワタリガラスが戻ってきた場所があるという。つまり、ワタリガラスは捕食動物の食べ残しを片付けるというニッチに特化した鳥である可能性がある。

私が知床で観察したワタリガラスは、エゾシカの死骸のある所に出現していたようだった。そういう場所には多数のハシブトガラスと数羽のオオワシ、オジロワシがいて、さらにワタリガラスも来ている事があった。エゾシカは自然死した個体でオオカミが捕ったわけではなかったけれども、カラスにしてみれば同じことだろう（オオカミが切り裂いておいてくれた方が食べやすいだろうが、いずれワシやキツネが来て切り分けてくれる）。自然界でのカラスは死骸を見逃さないのだ。

「掃除屋」という事でカラスが人知れず活躍している例をご紹介しておこう。週末の早朝、繁華街や駅前に、飲みすぎてリバースしちゃった痕跡を見ることがある。ところが、吐いた跡があるのに吐瀉物《としゃぶつ》がない、という例を見たことはないだろうか？　あれは人間が片付けるよりも早く、カラスが食っているのである。カラスにとってはご馳走らしく、何羽も群がっていることもある。カラスが去った後は固形物が全て片付けられ、水をかけて流せばいいばかりになっている。飲みすぎてやっちゃった経験のある方は、カラスに感謝しなくてはいけない。

ところで、カラスが一番好きな餌はなんだろうか？

まあいろいろあるだろうが、かなり上位

に来ると思われるのがマヨネーズだ。ゴミ捨て場でマヨネーズのチューブを見つけると大喜びでくわえて飛んで行き、大変な苦労をしてあの分厚いビニールを食い破って穴をこじ開ける。そして、そこからくちばしを突っ込んで、チマチマといつまでも舐《な》めているのである。大学で見かけたハシブトガラスはエアコンの室外機の下にマヨネーズを隠してストックしていた。どんだけマヨラーなんだか。

ジャンクフードにも目がない。フライドポテトとフライドチキンは大好物だ。ワタリガラスは大型獣の死骸の脂身を好んで食べるし、ハゼノキのようなワックス（植物性油脂）のついた種子を好む点からも、彼らはカロリーの高い油脂や脂肪を狙って食べるであろうと推測できる。マヨネーズも卵と油と酢で作るのだから、あぶらモノには違いない。

京都に伏見《ふしみ》稲荷《いなり》大社という神社がある。山の上までずらりと鳥居が並び、薄暗い参道には蠟燭《ろうそく》が灯《とも》って、幽玄というかちょっと不気味な雰囲気さえ漂う場所だ。ここでカラスが火のついた蠟燭を持ち去って屋根に置き、ボヤ騒ぎになりかけたという事件があった。これを調査した樋口広芳らは、和蠟燭を餌と判断したのだろう、と結論している。和蠟燭はハゼの実の油脂を原料としているからである。

千葉県の幼稚園で、手洗い場から石鹼《せっけん》が持ち去られるという事件があり、その犯人

▲何はなくともマヨネーズ

がカラスであった、という事もあったが、これを確認した樋口・森下らによると、石鹼もどうやら餌と認識して持ち去っていたようである。この研究では石鹼に無線発信機を仕込み、カラスが持ち去って落葉の下に埋めてあったのを回収している。ところが、くちばしでひっかいた跡はあるのにあまり食べた様子がない。他の場所で石鹼の持ち去りを観察した例によると、くちばしの先でカリカリやっては「ぷるぷるぷる」と頭を振って振り払っていたという。「すっごくうまそうに見えるのに食ってみたらまずい、でもやめられない」というものだったようだ。

さて、ここまでに何度か「餌を隠した」

「餌を埋めた」と書いた。鳥類の中には、餌がたくさんあると隠しておくものがあり、これを貯食と呼んでいる。カラス類は貯食を行う代表的な鳥類だ。他にはカラ類や猛禽の一部、ドングリキツツキなどがある。カラス類の貯食では北米のマツカケスが有名で、一説には9000個に及ぶドングリを隠しておいて冬に備えるという。一部は食べないまま発芽するのだが、数千ヵ所の隠し場所を記憶しておけるというのも恐ろしい話だ。私にもそれくらいの空間記憶力があれば自分のデスクで本や書類を探す時間がだいぶ省けるに違いない。

ハシブトガラスやハシボソガラスはそこまで執拗《しつよう》な貯食はしないが、見つけた餌を隠しておく、という行動はごく日常的に行う。隠し場所は落葉の下、土の中、木の洞、岩の下などだ。

餌の隠し方はハシボソガラスの方が熱心で器用な気がする。多くは落葉の下だが、手順は次のようなものだ。まず、くわえて来た（あるいは喉に溜《た》め込んで来た）餌を地面に吐き出す。次に、くちばしで落葉をくわえてせっせとどけ、穴を掘る。落葉が浅ければ、土を掘って穴を深くする。十分な深さになったと判断したら、餌を中に入れる。それから、大きめの葉っぱや紙切れのようなものを餌の上に被《かぶ》せる。不思議な行動だが、これは京都のハシボソガラスは皆やっていた（他の土地ではちゃんと観察

▼ポテトはＬサイズ以外を頼んだことがない

していないのでわからない)。その上から、どけておいた落葉を被せて元通りにする。そうすると埋めた跡が盛り上がるので、くちばしでチョンチョンとつついて押し込む。それから地面をくちばしでならしてわからないようにする。作業が終わると2〜3歩下がって出来具合を確かめ、イマイチだと思ったら落葉を足してまた整える。カラスが去った後で見に行っても、どこに埋めたのかまったくわからない。見事な技である。偶然だと思うが、引っこ抜いた草を元通りに植えてあった事もある。

ハシブトガラスではもう少し雑で、落葉をばさばさと被せて終わりとか、物陰に押し込んで終わりとか、その程度の例も多かった。ビルの屋上に餌を隠す、というか単に置いておくこともある。屋上に妙なものがあった場合、カラスが持ってきた可能性は結構高い。

ただ、ハシブトガラスは他人の視線に非常に敏感で、他個体や人間に貯食の現場を見られると、すぐに餌をくわえて飛び去り、場所を変えてしまう。どうやらカラス間で貯食の盗みあいがあるようだ。人間は別に盗まないと思うが、見られているのがとにかく嫌いらしい。ワタリガラスでもそのような研究があり、他個体が見ている条件下では、貯食を頻繁に埋め直して場所がわからなくなるようにしていたという。京都では同じ場所で2種を観察していたが、ハシボソガラスはそこまで神経質ではなかった印象がある。

どちらかというと、こういった「他人に見られてはならない」という習性は、非繁殖集団中で発達しそうな気もする。縄張りならば他人は入ってこないはずだからだ。繁華街でゴミを漁るハシブトガラスの群れを見ていると、喉（舌下囊《ぜつかのう》といって餌を貯め込むスペースがある）一杯に餌を詰め込んだカラスはしばしばビルの上などに退避している。そこで落ち着いて食べるのだろうが、こっそりと餌を隠しているということもありそうだ。一度に食べきれないような大きな餌に遭遇する事があり、しかも集団になりがちな種類では、他人の目を気にするという行動が発達するのかもしれない。

もっとも、縄張り持ちでも餌を盗まれる事はある。前述のα君が珍しくスパゲティを一かたまりくわえて来て、木の洞に隠した（この時も一応、落葉を被せていった）。αが去って1分もしないうちにβがやって来て、スパゲティを全部食べてしまった。どこかで見ていたに違いない。スーツの内ポケットに隠した小遣いを奥さんに抜き取られているようなものか。

実は、都会のハシブトガラスの食生活はゴミ、そして貯食に頼り切っていると言っても良いくらいだ。学生の時、京大の物理学教室の屋上を借りて、3日間だけ地上20メートルの高みからハシブトガラスを観察した事がある。本当はもっと続けたかったのだが、施設担当の方に話を通しに行くと「物理学科の学生にも自由に使わせていないのに他学科の学生が出入りするのは困る」というよくわからない理由で日数を制限されてしまった。

ともかく、その3日間は研究室に泊り込みで夜明け前から日没後まで観察を続け、1日でノートを1冊使い切るほどの情報が得られた。なにせ、地上から追い回すのと違って、カラスの移動も、電柱や屋上に止まっている間の行動も、隣接する縄張りの個体の行動も、全て丸見えなのである。しかも京都は条里制のおかげで道路が真っ直ぐ、屋上から遥か向こうまで路上が見えている。餌があれば一目瞭然だ。見下ろせばヒトがうろうろと歩く姿が小さく見える。それが20メートル、カラスにとって普通の高さである。見ろ、人がゴミのようだ。カラスが地上を睥睨《へいげい》しているのはこんな気分なのだ、と実感する事ができた。

さて、この時はカラスが起きる前から張り込んでいたので、まだ暗い間に屋上に上がり、コンビニで仕入れておいた朝食を齧《かじ》り、飲み物を取り出してカラスを待っていた。そのうちにカラスが動き出したので双眼鏡とスコープで行動追跡にかかった。

餌を喉に貯め込み、人目を気にするハシブトガラス

朝イチでカラスが出かけた場所は、東大路《ひがしおおじ》通りの串焼き居酒屋である。席数が多く、新歓の時などにお世話になる店だ。店の裏口に蓋《ふた》のない大きなゴミ箱がある（その後改善された）。カラスはここで食えそうな餌を漁っては近くのビルの屋上に行き、迷路のように入り組んだパイプスペースにせっせと餌を隠していた。そのうち、私が観察している校舎にも来て、エアコン室外機の下に何やら隠した。確かめに行くとまだ肉の残った骨付きフランクであった。コスパが悪い気がして頼んだことのないメニューだ。なんだか悔しい。

ひとしきり居酒屋を漁ると、今度は大学の裏の小料理屋に行き、ゴミ袋を破って餌を漁りだした。スコープで見ていると紙おしぼりや割り箸《わばし》をポイポイ捨て、何か淡褐色の塊《かたまり》を引っ張り出している。赤いものも見える。しばらく見ていて、肉じゃがだと判断した。赤いのはニンジン、くちばしに引っかかっているのはシラタキだろう。くそ、腹が減った。続いて引っ張り出したのは黄色っぽくて薄っぺらい、膜状のもの。タコスのようにも見えるが、小料理屋で女将《おかみ》さんが「たこすの焼いたん」などを「はい、どうぞ」と出して来る姿は想像しかねる。いくらなんでもそれはあるまい。ぴらぴらで皺《しわ》がよるほど薄い……わかった、あれは生湯葉《なまゆば》だ。朝っぱらから京料理三昧《ざんまい》とは、左京《さきょう》区のカラスは大したものである。

そこでふと、傍《かたわ》らを見て、食べかけの自分の朝食が90円のメロンパンとペットボトル（中身は洗面所で汲《く》んで来た水道水）だという事実に直面するのだ。カラスを見ていると、この世の不条理というものを感じる瞬間がある。

かくして、居酒屋とお好み焼き屋と喫茶店など、行動圏内の飲食店を全て回って食えそうなものをあちこちに隠したところで、午前7時頃になった。この時間になると民家からテレビの音が聞こえ、家庭ゴミが出てくるので、今度はゴミ収集場所をチェック。それまでもアパートのゴミは漁っていたが、これは前夜から出されていたものであろう。

これで、ハシブトガラスの採餌タイムはほぼ終了である。この後も時折、学内からゴミを拾ってきたり、墓地からお供えものの饅頭《まんじゅう》を持ってきたりしていたが、基本的には、朝の間に隠した餌を自分達で食べるか、雛に与えるかして過ごしていた。１９９８年5月8日には、ある1ペアのハシブトガラスについて合計14時間の観察を行い、この間に確認した餌の獲得は53回だった。このうち40回は、ゴミ収集が完了する午前10時以前に行っていた。また、屋上からこのペアを観察した3日間に私が確認した「天然の」餌はツタの実を少々とマツボックリ1個、そしてドバトの死骸（ただしこれも貯食）であった。昆虫のような小さな餌は食べていたかもしれないが、非常に

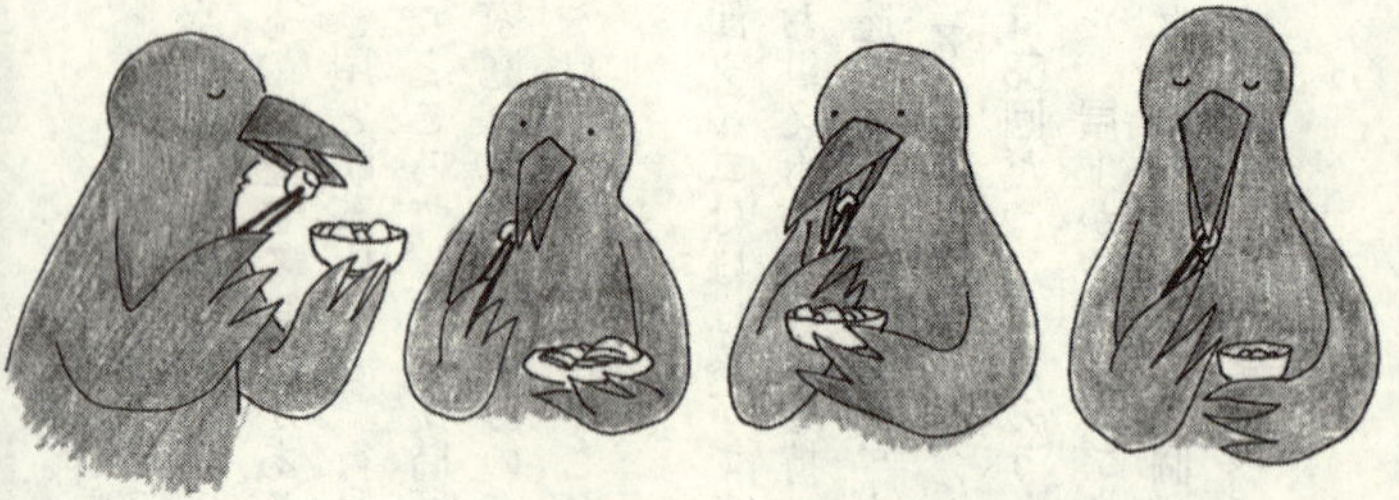

▲日本人でよかった……！　京料理に舌鼓

熱心にやっていれば気付いただろうから、カラスにとって重要なのはゴミだった、と言えそうである。

もちろん、果実が大量に実っている季節なら、結果はまた違ったはずだ。それでも都市部のハシブトガラスの基幹食料は早朝にまとめて出現するのは間違いあるまい。そして「1日の中での餌分布の偏《かたよ》り」を無くす方法が、貯食なのである。いわばこれはカラスの貯金、そして朝イチの時間帯は給料日に相当するわけだ。

カラスのつぶやき1

カラスに負けた

　自分が90円のメロンパンを食っている目の前でカラスが骨付きフランクだの湯葉だのを食っていたことがある、という話は本文中で書いたが、さらに大差をつけられたのが東京での調査である。こっちは夜行バスで到着して缶コーヒーで気合を入れて走り回っているというのに、カラスときたら焼肉屋の前（のゴミ袋）で骨付きカルビを食い、居酒屋（のゴミ袋）で牛スジ煮込みを食い、ラーメン屋（のゴミ袋）のスープ用のゲンコツをつつき、専門店（のゴミ袋）の、定食なら１５００円くらいしそうなトンカツを食い、銀座では高そうなトラットリアのスパゲティを数羽で取り合い（お前らルパンと次元か）、割烹《かっぽう》の前で甘鯛らしき魚のアラをつつき、しまいには小洒落《こじゃれ》たケーキショップの生クリームにくちばしを突っ込んで食べる、という具合だ。私はそれを克明に観察してノートに書き留めた後、立ち食い蕎麦屋の券売機の前で天ぷら蕎麦にするか、山かけ蕎麦にするか悩むのである。

　断言しよう。カラスは確実に、カラス屋よりもいいものを食っている。カラスに勝ったといえるのは、新宿駅東口地下の「ベルク」で飲んだエーデルピルスくらいだ。

　河川敷でチドリの調査をしていた時はもっとひどい目にあった。前日から調査を続け、砂州のテントで仮眠をとって明け方からまた調査だったのだが、砂州にやって来たハシボソガラスの一家が何かを食べている。どうやらよほどうまいものらしく、子供たちが飛び跳ねんばかりに奪い合っている。一体なんだろう。茶色くて、すぐちぎれるものらしい。黒い粒々が見える。まるでチョコチップの入ったパンみたいだな。

そこで気付いたのである。自分の食料がチョコチップ入りのスナックパンー袋であった事と、食料を含む荷物を砂州に置きっぱなしにした事、そして荷物番を兼ねてそこにいたはずの相方さんが、チドリを追って移動してしまっている事に。

まあいいよ、君たちがそんなに喜んで食ってくれるなら。悔しくなんかないさ。でもね……せめてコンビニのあるところでやってくれませんかね？　ここ、最寄りの商店まで2キロくらいあるんですけど。あとは非常用のカロリーメイト一箱しか持ってなくて、調査は夕方までなんですけどっ。

▲無邪気にスナックパンに群がる子供たち
※チョコレートは鳥やイヌ、ネコの体には毒になるので、食べさせてはいけない。

第二章 カラスと餌と博物学

カラスの採餌行動

餌を手に入れる方法あれこれ

京都、出町柳《でまちやなぎ》駅前。北西から流れて来た賀茂川と北東から流れて来た高野川が合流して鴨川《かもがわ》となる。その合流点にある三角形のエリアを、京大生は「鴨川デルタ」と呼ぶ。ここは学生の新歓の場であり、花見の場であり、コンパの場である。そして大学院当時の私にとっては、毎日のように訪れるカラス調査地であった。

さて、このデルタの西側、賀茂川に面した箇所に金網でできたゴミ入れがある。大きなバケツのような形をしている。ある日、この中に煎餅《せんべい》を発見したハシボソガラスがいた。ハシボソガラスはどうやってか金網の隙間から煎餅を引きずりだし、くちばしにくわえて水辺へと歩き出したところで、ハタと足を止めた。そして、あたかも考え込むかのように数秒間、首をかしげた。それからスタスタと戻ってくるとくわえていた煎餅を置き、ゴミ入れからもう1枚、煎餅を引っ張り出した。そして先の煎餅の上に新たな煎餅を重ねた。さらに、この2枚重ねの煎餅を実に真剣な態度でくちばしの先でつつき、位置を調整して、寸分の違いもなくぴったりと重ねた。それから、おもむろに2枚の煎餅を一挙にくわえ上げ、えいやと胸を張って水辺に向かった。胸を張って上を向いていないと煎餅がくちばしから滑《すべ》り落ちるからである。

水辺にたどり着いたカラスは、煎餅を一旦《いったん》足もとに置き、眼下の賀茂川の流れを見下ろすと、やにわに煎餅を水に放り込んだ。そして、半分浮かんで流れ始めるそれを追って首を巡らせると、再び引っ張りあげた。このわずかな操作によって、パリパリだった煎餅は水を吸ってフニャフニャになり、容易にちぎれるようになったのである。

なかなか驚くような技の連発だが、カラスは様々な採餌行動のテクニックを披露してくれる。少なくとも、ハシボソガラスは（なお、厳密に言えば餌を探そうとする行動は探餌《たんじ》行動、見つけた餌を口にする行動を採餌行動と呼ぶべきかもしれないのだが、ここではまとめて採餌と呼ぶことにする）。

ハシブトガラスと違い、ハシボソガラスは開けた場所を好む。芝生や農耕地や河川敷などだ。こういった場所で何をしているかというと、お尻をふりふり歩きながら、あっちをつつき、こっちをつつき、のぞきこみ、ひっくり返し、といった調子で餌を探している。とにかく地道に足で稼ぎ、丹念に探す。足を使うことベテラン刑事のごとく、何一つ見逃さないこと熟練した鑑識員のごとし、である。「探りを入れる」行動はプロービングと呼ばれるが、くちばしでかきわける、くちばしを差し込んで押し開く、上を覆っているものをどける、ひっくり返す、と多岐にわたる。草の間には昆虫が潜んでいることがあるし、落葉の下には種子や昆虫やミミズ、石をひっくり返せばその下に何かがいる、かもしれないからである。ハシボソガラスの行動の基本は「かもしれない」なのだ。

一方、ハシブトガラスは地上にいる時間が非常に短い。私が京都で調査した繁殖個体の例では、ハシボソガラスは観察時間の40パーセントほどを地上で過ごしたのに対し、ハシブトガラスはわずか10パーセント程度に過ぎなかった。当時のデータからざっと計算すると、ハシボソガラスは地上に降りる頻度がハシブトガラスの2倍、1回の地上滞在時間も約2倍で、その結果、地上滞在時間の合計が4倍になっている。非繁殖個体でもだいたい同じ傾向であった。

さらに、その間に歩いた歩数を数えてみると、これまたハシボソガラスの方がよく歩いているという結果が得られた。つまりハシボソガラスは、長時間地上に留まり、あの手この手で地上の餌を探索しているのに対し、ハシブトガラスはどうも地面が嫌いなわけだ。地上でゴミを漁るのにハシブトガラスが地面に長居をしない？と思われるかもしれないが、彼らの動きをよく見ていると、本当に地上に立っている時間はそんなに長くない。1分か2分でちょっと高いところ、例えばガードレール、フェンス、自転車の上、積んである箱の上、並木、電線、といった高い場所に退避するのだ。そこでキョロキョロと辺りを見回すと、また降りて餌を食べる。地面に留まっ

ていると何か悪いことが起こると信じているかのようだ。

恐らく、ハシブトガラスの進化の上では、そうだったのだろう。地上に外敵が多く、迂闊に着地すると危険だった。だから地上に降りる時は非常に用心深く、かつ、しばらく地上にいるとなんだか不安になってさっと逃げる。少なからぬワタリガラスがオオカミの食べ残しを失敬しようと近づいて、返り討ちにあうという研究があるから、これを考えれば、あり得ないことではないだろう。

さて、ハシブトガラスはその短い地上滞在時間の間に餌をとっている。ただしハシボソガラスのように歩いて探し回ったりはせず、最初から餌があるとわかっている場所に降りてくる。つまり上から見て餌を発見しているのだ。そして、降りるなり餌を手に入れて、すぐに飛び去る。実際、地上に降りてから最初の餌を見つけるまでに何歩歩くかを記録してみると、ハシブトガラスでは最短で1歩、だいたい10歩やそこらで餌にたどり着いている。それも餌への接近をためらったり、迂回したりするから歩数が増えているだけで、距離としてはほんの2〜3歩というのが多い。

一方、ハシボソガラスでは数歩で見つけた例から何百歩も歩いたものまで様々だ。歩いて探してみるまでは、餌がどこにあるかわからないからである。

ハシボソガラスの文字通り「草の根分けても探し出す」というテクニックは、農耕

▲少しでも高いところにいる方が落ち着く

地や河川敷では大きな武器となる。小さな餌でも良ければ、丹念に探せば必ずどこかにあるからだ。しかし、こういう職人芸的なテクニックを身につけるには時間がかかる。特に河川で石をめくる「ターニング」と呼ばれるテクニックは難易度が高いらしく、巣立ち雛は最初のうちは全くこれができない。しばらくすると「石に着目すれば良い」まではわかるのか、石を動かそうとするが、「ひっくり返す」ができない。これがわかっても、今度は「効率よくひっくり返す」のが大変である。親鳥は石の下にくちばしを差し入れて、テコのようにして石の一端をクイと持ち上げる。この時に石の重さやバランスを測っているかのように、小刻みに足を動かしてスタンスを決めている。それからくちばしの先端で石を持ち上げて90度起こす。そこでトン、と軽く石を押しやれば、傾斜が90度を越えてゴロンと転がり、勝手に裏返しになる。体力を使わず、怪我をする恐れもない、非常に良いやり方と言える。

しかし、巣立ち雛にはこれができない。石をくわえてひっくり返そうとするので、石が滑って持ち上がらない。持ち上げたと思うと、石の重さに負けて自分が引きずり倒される。倒れなかったとしても、大きな石をくわえたまま90度以上も首を捻《ひね》り、しかもこれを安全に地面に置くのは極めて難しい。大概は途中で取り落としてギャアギャアと騒ぐことになる。正確な記録はとっていないが、印象としては夏頃にやっと「一応は」ターニングができるようになり、秋になってほぼ完成するかな、という感じだ。習得には数ヵ月かかる技なのである。

大人のハシボソガラスはターニング後の目配りも只者《ただもの》ではない。石を裏返して、まず、その石がさっきまであった水中をいち早く見るのだ。川遊びの経験がある方はわかるだろうが、岸辺の石をめくると隠れていたヨシノボリやドジョウがちょろちょろと動くからである。だからまずこれを見て確かめ、それから、裏返した石の表面をじーっと見る。カゲロウやカワゲラの幼虫がいるかもしれないからである（これは動きが遅いので後でもよい）。こういった行動を試行錯誤によって身につけるには、かなりの時間が必要なのであろう。

ハシボソガラスの「特徴的な」行動といえば、クルミ割りだろう。最も基本的な方法は、空から落として割ることである。これは、クルミのある地域ならどこでも見られるようだ。関西にはクルミが少ないので見たことがないが、東京ならば多摩川中流の河川敷でも見られる。川岸に流れ着いたクルミを拾って舞い上がり、上空から落とすのだ。ただ落とすのではなく、クルミを軽く投げ上げてさらに高さを稼ぐこともある。そして、落ちてゆくクルミを追って急降下する。クルミがうまく割れたら拾って食べ、割れずに跳ね返ってしまったら拾い上げてもう1回だが、どっちにしてもクルミを追いかけないと見失ってしまうからだ。巧妙なのは、ちゃんと石がゴロゴロした河原でやることだ。芝生に落としたりはしない。

海岸ではクルミではなく貝を落として割る行動も見られる。アメリカガラスでは落とす高さが「その貝を割るのに最低限必要な高さ」とほぼ一致しており、飛ぶためのエネルギーを節約していると考察されている。日本でもハシボソガラスがこれを行うが、良く似た貝が何種類もあるせいか、割り損ねて何度も飛んだり、逆に必要以上の高さまで上がったりしていて、完璧な省エネにはなっていないらしい。

さらに、自動車を利用してクルミを割るハシボソガラスも発見されている。道路上

の、自動車の通りそうな辺りにクルミを置いておき、自動車がこれを踏んで割ってくれたら食べるという行動である。

最初に見つかったのは仙台の東北大キャンパス内だが、少し前から近くの自動車教習所で見られたらしい。カラスはここでクルミを落として割っていたそうだが、教習所の教官が割れなかったクルミを轢いてやる事があり、それで覚えたのではないかとの事であった。

実はこの行動が見られるのは仙台だけではなく、私が聞いただけでも岩手県、秋田県、長野県で観察された例がある。多くはキャンパス内や交差点など徐行しなければいけない場所で、カラスにとっても安全そうな状況だ。だが、私が一度実際に見たのは国道のバイパスで、高速道路並みのスピードで車が突っ込んで来るところだった。ハシボソガラスはここでギリギリまでクルミの位置決めをやり、最後の最後の瞬間に「ひょい」と歩道に逃げて車をやり過ごす。非常に危険だ。しかも、踏まれたクルミは「パアン！」と音を立てて木《こ》っ端《ぱ》微《み》塵《じん》になるので、粉々になった破片を一つずつ拾って回らなくてはならない。ちょこちょこと拾っているとまた車が突っ込んで来て、これまたギリギリでセンターライン上に逃げる。自動車を利用するメリットと、事故にあって死ぬデメリットとどっちが大きいのかよくわからない。

仙台市でこの行動を研究した足立泰啓によると、あまりに難しくて巣立ち雛の中の1羽しか覚えられない、つまり一子相伝の枝だそうである。そのくせ、その研究の試算によると、車が通るまで待っているコスト、轢かれて自分が死ぬコストなどを勘案すると、普通に落として割るのと比べて特に優れた方法ではないという。赤信号で停車中の車のタイヤの前にクルミを置いたとか、車が素通りして空振りしてしまうとチョイチョイと置き場所を修正してみるとか、実に手の込んだテクニックを駆使しておきながら別に益がないとなると、もはや趣味の域に達しているかもしれない。

これに比べると、ハシブトガラスのやる事は力任せである。弁当を見つければくちばしでガッツンガッツンとつつく。クルミを見つければくちばしでガッツンガッツンとつつく。魚の頭を見つければくちばしでガッツンガッツンとつつく（が、普通は割れないのですぐ諦める）。とにかく、気になるものはくちばしで（以下略）。彼らの採餌テクニックは「拾い上げる」「ひきちぎる」「取れなければくちばしでぶっ叩く」というものだ。そもそも、餌を探す段階で落葉をどけて下を見る、というような行動をほとんど行わない。実験してみたことがあるのだが、ハシボソガラスは「怪しげな落葉」を見るとすぐにかきわけて餌を探すのに対し、ハシブトガラスはこれを行わなかった。どうやら、明確に餌が見えているなど、餌の存在に確証がなければ採餌行動に移らないらしい。

その代わり、餌のありそうなスポットを探知し偵察に来る能力には長《た》けている。ある実験でカラスを呼び寄せる必要があった時、一番効果があったのは、私が芝生の上で何か食べてみせる、という方法だった。結局、これは正式な実験手順としたのだが、パンを忘れて自販機の缶コーヒーで代用した事があった。するとカラスはこれを完全に無視した。1度ならば偶然かもしれないが、3度となると「食べるのと飲むのを見分けているらしい」と思えてくる。実験に必要な装備を3度も忘れる私より注意深い。

スポット的な餌場を探すという傾向のせいか、ハシブトガラスは餌場が少々遠くても気にしない。京都で観察したいくつかのハシブトガラスは下鴨神社に営巣し、そこから高野川や賀茂川を飛び越えた市街地で採餌していた。河川敷はハシボソガラスにとっては食堂だが、草をかきわけたり石をめくったりしない、そもそも地上に降りるのも嫌いなハシブトガラスにとっては何の役にも立たない場所だ。だから、そんな場所はハシボソガラスにくれてやって、上空を飛び越えた川向こうにあるマンションでゴミを漁ってくる。このようなペアは河川の上空では全く防衛行動を取らず、渡りきると防衛を始めるのだった。縄張りが2つに分かれているとしか表現しようのない、そういう変わった例もあったのである。

さらに大規模な移動の可能性もある。観察中に突如としてはるか上空まで舞い上がり、3キロ先の山を越えて飛び去ってしまったハシブト夫婦を見たことがあるからだ。巣には雛がいたのに、である。このペアは1時間ほどすると何食わぬ顔で戻ってきて、ごく普通に行動を続けていた。カラスの翼面積と体重から経済飛行速度は時速30キロくらいといわれているから、1時間あれば15キロ先まで往復できる。向こうで少し時間を使うとしても、観察していた京大キャンパスからだと琵琶湖《びわこ》まで十分に行ける。繁殖中のカラスの行動の基本は縄張り内なのだが、特にハシブトガラスでは、こういう遠出しての採餌が時折、記録されている。それまでの経験からどこか良い餌場を知っているのかもしれない。残念ながら今のところ十分な研究はないのだが。

このような広く浅く探し回る戦略には、ハシブトガラスの「硬い餌を割るために余計な努力をしない」という特徴もマッチしているのかもしれない。どうせ飛び回っているのだから、割れるかどうかもわからない餌にこだわって1ヵ所に時間をかけるよりも、次の食べやすい餌を探しに行けば良い……それがハシブトガラスの戦略かもしれない。しかもハシブトガラスはハシボソガラスよりも一般に優位だ。つまり、餌を見つければ、ハシボソガラスがいたとしても自分のものにできるわけだ。

さて、これまでの書き方だとハシブトガラスがひどく乱暴で不器用に見えたかもしれないが、全てにおいてぶきっちょという事はない。果実のハンドリング（取り扱い）ではハシブトガラスが上だ。それも大きな果実ではなく、サクラやエノキなど、小指の爪先ほどの小さな果実だ。調査してみるとハシボソガラスよりも1分あたりに食べる個数が多い。しかも、まったく落とさずに食べる。ゴツいくちばしをしているくせに、非常に器用だ。

これはどうやらくちばしだけではなく舌の構造も関係しそうなのだが、ハシブトガラスはくちばしの先で果実をくわえると、そのままヒョイと口の中に引き込むことができる。まるで手品のように、出したり入れたりすることもできる。一方、ハシボソガラスはこれができないらしく、果実をちぎって空中に投げ上げ、落ちてくるところを受け止めて飲み込む。そうやって口の奥に放り込んでいるのだ。この余分な動きのせいでハシボソガラスは採餌のペースが遅くなるし、受け止め損ねて落とすこともあるわけだ。ハシブトガラスのこの機能が果実を食べる「ために」進化したかどうかはわからないが、果実生産の豊富な亜熱帯の森林が故郷の種であるならば、効率よく果実を食べる能力があってもおかしくはない。

ハシボソガラスは多彩なテクニックを使

※実際は飲み込みます、かみません。

えるので、ハシブトガラスが苦手とする農地や河川敷でも餌を見つけることができる。京都市内でカラスの縄張り内の環境を分析すると、縄張りに含まれる森林面積の割合は、ハシブトとハシボソであまり差がなかった。しかし、ハシブトでは市街地など舗装された環境が多く含まれ、ハシボソでは河川敷や草地など、未舗装の環境が多く含まれていた。さらに採餌した環境を調べると、ハシブトはほとんどの餌を市街地で確保していたのに対し、ハシボソはどんな環境でも餌を得ていた。つまり、ハシブトガラスが利用していたのはとことんゴミ箱だったのに対し、ハシボソガラスは疎林の林床《りんしょう》、芝生、川べり、時にゴミ箱と、どこでも餌が採れていたのである。

こう書くと、どこでも生活できるハシボソガラスは非常に有利なように感じる。しかし、現代人の生活圏には舗装された地面が多いのだ。「地面をつつく」「草をかきわける」といったハシボソガラスのテクニックは舗装道路では使い道がない。そこにある餌はゴミ、わざわざ草の根を分けて探さなくても、上空から簡単に発見できるようなものなのである。これではハシボソガラスの技も生かせない。

しかも、ハシブトガラスはハシボソガラスよりも大きい。体長で10パーセント余り長く、体重で30パーセント以上重い。今、日本人男性の平均身長が171センチ、体重70キロほどだから、これに当てはめると相手はだいたい身長190センチ、体重90

キロとなる。こんなのに凄まれたら逃げるしかない。

京都市内、三条から四条あたりの繁華街にはカラス2種の群れがゴミ漁りに来ていたが、ハシブトガラスが降りて来た途端、先に集まって食べていたハシボソガラスが出エジプト記よろしく、サーッと左右に分かれていたものだ。ハシブトは当然のようにその中を進み、餌を食べる。ハシブトが食べ終わるまで、ハシボソ達はお預けである。

従って、ハシボソガラスがゴミを利用しないわけではないにせよ、ゴミ漁り競争ならハシブトガラスが有利だ。これは縄張りの取り合いでも同じだろう。ハシブトガラスが街なかに居座っている場合、ハシブトガラスの来ない場所しかハシボソガラスには残されていない。つまり、川沿いにハシボソガラスの縄張りが並ぶ京都市のような状態になる。さらに都市化が進んで川も埋め立てられ、大都市にハシブトガラスが増加してゆくと、ハシボソガラスはハシブトガラスの利用しない郊外に追いやられる。

これが日本におけるカラス2種の「すみわけ」の理由であり、彼らの共存を可能にしているメカニズムだろう。

カラスのくちばし

その行動と進化

真っ青な空。まっすぐな道。照りつける日差しが熱い。右手でスロットルを煽《あお》るとエンジン音が高まる。牧草地をひたすらバイクで流す。ボーン・トゥ・ビー・ワイルドな気分。舗製道路が切れ、砂埃《すなぼこり》を蹴立て、荒れた路面にバウンドしながら走った果てに、目的地がある。

エンジンを切り、スタンドを立てる。サングラスを外した目を雲の輝きが刺すようだ。さんぴん茶をラッパ飲みしていると、通りかかった宿のご主人が「松原さん、今夜、島酒飲もうねー」と声をかけてきた。「あー、いいですねー」と返事をして、ペットボトルを錆《さ》びて歪《ゆが》んだ前カゴに放り込み、おばぁのレンタル屋で借りたピンク色の原付スクーターを民宿の前で切り返す。泊まっている宿の前が、ラインセンサス（一定のルートを移動しながら生物を探す調査方法）の終点なのだ。さて、弱ったバッテリーをだましだましエンジンをかけ、次のセンサスに向かわねば。

ここは沖縄県、黒島《くろしま》。石垣島から高速船で25分。島民200人余に牛が2000頭以上という牧畜の島だ。ウミガメの産卵でも有名だが、ここにいるオサハシブトガラスが、なかなか面白いのだ。

オサハシブトガラス（*Corvus macrorhynchos osai*）はハシブトガラスの亜種だ。西表島《いりおもてじま》、石垣島とその周辺の離島にのみ分布している。本州のハシブトガラスよりもずっと小さく、石垣島で初めて見た時は距離感がおかしくなったのかと思った。見慣れたハシブトガラスほどゴツゴツといかつい所がなく、鳴き声も「アー！　アー！」とかわいらしい。このように小さいことが特徴のオサハシブトガラスだが、実は、黒島や波照間島《はてるまじま》の個体群はそうでもない。オサハシブトガラスとしては大きいのだ。大きいというか、印象としては「長い」。全体に細長くて、首も脚も長い。そしてくちばしが長い。その長い脚でテクテクと牧草地を歩き、長いくちばしでせっせと草をかきわけ、石をひっくり返し、サトウキビの茎《くき》を剝《は》いで餌を探す。行動だけ見ていると、まるっきりハシボソガラスだ。これがハシブトガラスだとは信じられない。

波照間島のオサハシブトガラス

初めて行動を観察した時は「俺が見ているのは一体なんだ?」と思ったが、実際、この島のハシブトガラスはそうなのだ。

この驚きは、西表島に行ってさらに大きくなった。西表島のオサハシブトガラスは、どれもひどく小柄で、みんな森の中の木の上にいた。牛舎に来ていることもあるけれども、間違っても黒島のオサハシブトガラスのように集団で牧草地を歩き回ったりはしていなかった。これは見慣れたハシブトガラスの生活ではあるのだが、ほんの20キロほどしか離れていない黒島と西表島で、全く別種のように行動が違うのは驚くしかない。しかも、見た目までもが何だか違うのだ。もし島ごとに個体群が孤立しており、遺伝的な交流が途絶えているのだとしたら、島ごとに小さな進化が始まっている、という事になりはしないか。

この事に気付いて、研究を主導しているのは山階《やましな》鳥類研究所の山崎剛史さん。山崎さんは生物地理学や分類学が専門だ。私は野外系カラス屋ということでこの調査に入れてもらい、南の島のカラスを見て来る機会を得たわけである。また、この研究は未発表である。以下の記述は多分に私個人の解釈と感想によるもので、大間違いがあったとしてもそれは私の責任である。

我々は八重山《やえやま》の島を巡り、カラスを探し、「どういう環境にいたか」「何をしていたか」といった点を記録して回った。そのために必須の装備が、冒頭の原付スクーターなのである。1日調査して宿に戻ったら移動距離が150キロほどになっていたこともあり、さすがに「これは原付で走る距離ではないような気がする」と思ったのだが、バイクのない竹富島《たけとみじま》では自転車を借りてママチャリで40キロ余り走ったから、もはやどうでもいいと言えばどうでもいい。フィールドの生物学者の仕事は、時に、というよりもしばしば、純然たる体力勝負である。

この調査はまだ進行中で、いろいろとわからない事が多い。だが、わかってきたの

▲体力があるということは何よりの才能

は、西表島のカラスは明らかに小さいということだ。黒島、波照間島のカラスは大きい。

島の環境も違う。西表島は森林が卓越しており、島全体が森と言っていいくらいだ。これに対し、黒島は外周を低い防風林に囲まれているものの、島内はほとんどが牧草地となっている。波照間島はそこまで極端ではないにせよ、島の大半がサトウキビ畑、あるいは牧場となっており、やはり大きな森林はない。この島のカラスが頑張って森（っぽいところ）に住んだとしても、すぐに満員になってしまうだろう。そうなると開けた地面に出て行くよりない。このような、本来はハシブトガラスが好まないであろう環境に進出するよりなかったことが、彼らの行動や形態を変化させる原因になったのではないか、と考えている。また、ライバルとなるハシボソガラスが分布しないことも大きな理由だろう。

さて、黒島と波照間島のカラスは大きいと書いたが、実は全体に大きいだけではなくて、プロポーションとしてくちばしが大きい。そして目が横を向いている。おそらく、くちばしの基部を拡大したために眼窩《がんか》を両脇に押しやる結果となったのだろう。この事から、ひたすら、くちばしを大きくする方向に進化した可能性がある。非常に残念な事に具体的な話ができるのはこの辺までなのだが、彼らの採餌行動を見ている限り、草をかきわけたり、牛糞をひっくり返したり、海岸でカニをつまみあげたり、そういった作業の道具として、長いくちばしが有利だったのではないかと推測している。くちばしを長くするには体ごと大きくする方法とプロポーションを変える方法があるが、両方やってみたという事ではないか。

実は黒島や波照間島が森林の少ない、農耕地ばかりの「まっ平らな」島になったのは比較的最近のことらしい。島に人が住み着いて開墾《かいこん》されてから1000年余り、サトウキビの栽培が始まったのは島津《しまづ》藩の支配下におかれた時代である。黒島に牧場が発達したのは戦後のことだ。もし、黒島や波照間島のオサハシブトガラスの形態的な変化が農地や牧場に適応したものだとしたら、それは長くて1000年、短ければ100年にも満たない時間で起こった事かもしれない。しかも、それは人間がもたらした進化という事になるのだ。

もう一つ付け加えるならば、前項で書いたハシブトガラスとハシボソガラスの行動の違いというのが、いつでもどこでも成立するわけではない、という事も示している。カラスの行動は、それが必要で且《か》つ可能であれば、かなり柔軟に変化するもののようだ。

オサハシブトガラス

本土出身のハシブトガラス

さて、それでは西表島や石垣島のオサハシブトガラスは、なぜあんなに小さい、特にくちばしが小さいのだろう。逆に言えば、北海道から九州に住む亜種ハシブトガラスのくちばしはなぜあんなに巨大なのだろう。

学会発表で聞いたところでは、カラスの咬筋《こうきん》はなかなか強力らしい。猛禽などは咬《か》む力はそれほどでもなく、脚や首の力で引き裂く方が得意なようだ。だが、カラスは骨についた肉のカケラをくちばしでくわえて、こじり、引きちぎるのが得意なのだ。さらに、これはモデルでも作って解析しないと確認できないが、アーチ型のくちばしも応力を分散させそうな形状をしている。この辺りから推測しているのは、ハシブトガラスのくちばしは死骸に深く突っ込み、さらに肉を引きちぎる時に十分に力を込められるような道具ではないか、という事である。

ここでカラスの生活史とくちばしについて少し考えてみよう。ヨーロッパでは同じ場所で採餌するハシボソガラス、ミヤマガラス、ニシコクマルガラスを比較した研究がある。最も小さく、くちばしも短いニシコクマルガラスは主に草むらの昆虫を狙い、飛び出して来たバッタにピョンと飛びついたり、さっと飛び立ってくわえて来たり、という方法で捕まえている。ハシボソガラスとミヤマガラスは主に地中のミミズ

ニシコクマルガラス

ミヤマガラス

ハシボソガラス

ハシブトガラス

ワタリガラス

を狙うが、狙える深さが違う。ミミズといっても50センチほどにもなる巨大なもので、牧草地に指くらいの穴を開けて住んでいる。ミヤマガラスは「筆の穂先のような」と表現されるスラリと細いくちばしをこの穴に差し入れ、グイと口を開いて穴を広げてさらにくちばしを押し込み……という行動を繰り返してミミズを追いかけることができるという。この「ディープ・プロービング」という行動はミヤマガラス特有だそうで、ハシボソガラスはくちばしが太すぎてできないのではないか、と書かれている。面白いことに、ミヤマガラスが集団で歩き回ると、ミミズはその振動を恐れて深く潜り込む。つまり、ミヤマガラスならば集団でミミズを採餌できるが、ハシボソガラスにはそれができないのだ。

ハシブトガラスのくちばしは、ミミズを追いかけたりするにはまったく向かないだろう。地上から米粒を拾い上げるのも非常に苦労している。彼らの上くちばしの先端はしばしば下くちばしよりも前に伸びているのだが、この鉤《かぎ》状の先端が邪魔で米粒をくわえる事ができないのである。くちばしが食い込むほど柔らかい地面ならば何とかなるが、アスファルトやテーブルの上ではお手上げだ。こういう時、ハシブトガラスは顔を横に寝かせて地面につけ、くちばしを水平方向に開いてつまみあげる。ものすごく不自然な体勢になるが、他に方法がないらしい。ハシブトガラスのくちばしは、間違っても地上で細かい餌を摘《つま》み上げるためのものではない。やはり、動物の死骸から肉をちぎり取って食べるためではないか、という気がする。果実食も行うが、果実専用ならハトやオウムのようなくちばしでも事足りるはずだからである。

ここで気になるのは死肉食に特化していると言われるワタリガラスだ。食性から言えば、ワタリガラスのくちばしこそ肉を切り裂くためのものであるはずだ。確かにそのくちばしは分厚くて長い。しかしハシブトガラスのような特徴的な形ではなく、ハシボソガラスのくちばしを少し頑丈《がんじょう》にしたような感じで、形状はカラスとしてはごく

ハシブトガラスのくちばし

普通なものだ。なぜだろう？

その謎は解けてはいないが、なんとなく腑《ふ》に落ちたのは、知床で初めて実物を見た時、そして山階鳥類研究所の収蔵庫で標本を見せて頂いた時だ。ワタリガラスの体長は最大63センチ、ハシブトガラスよりはるかに大きい。当然ながら、くちばしも大きい。体に対するくちばしの割合や形はごく普通でも、絶対値としてくちばしが大きいのだ。標本を手にとって見ると、そのくちばしの大きさが実感できる。

恐らく、ハシブトガラスは「せめてくちばしの威力だけでも」ワタリガラス並みにしようと頑張ったのではないか。体ごと大きくするとエネルギー消費など損をする部分もあるから、肉を切り取る機能だけは同等にしているのではなかろうか。

そう考えると、西表島の小柄なハシブトガラスは常夏の森林にこもって、果実や小動物を食べる方向に進化していったのかもしれない。なにしろ、アコウやガジュマルは結実期が不定で、一年中どこかで実をつけている。一方、離島には十分な数の大型動物も、それを倒してくれるオオカミのような捕食者もいないのだから。

これはまだ、単なる推論にすぎない。証拠もまったく不十分であるし、論理にもアラがある。だから、数年したら全然別の仮説を主張しているかもしれない。今のところはそんな夢想をしている、というだけである。

シロエリオオハシガラス

だが、南の島と北の大地ではカラスの生きる道が違い、そのためにくちばしが違っていて、生き様が文字通り「横顔に出ている」という想像は、ちょっと面白いなと思っている。

ところで、とんでもないくちばしのカラスをご存知だろうか。アフリカにいるオオハシガラスおよびシロエリオオハシガラスという種だが、「カラスの頭にツノメドリのくちばしをくっつけたような顔をしている（あんな派手な色ではないが）。図鑑を読むと「残飯を漁る、草食獣の糞を撒《ま》き散らして糞虫を探して食べる、腐肉を食べる、カメを崖《がけ》から落として割って食べる」などとある。しかし、いったいどんな食生活があんな分厚いくちばしを要求するのか、どうにも想像がつかなかった。

と思っていたら、「ライフ」という映画にオオハシガラスが登場した。いや、そのシーンの主役はヒゲワシだったのだが、ヒゲワシが食べようとしている骨の端っこをガッキとくわえて「渡すもんかー！」と必死に引っ張っているのが、オオハシガラスだったのである。やはり彼らもスカベンジャー、しかも自分よりずっと大きなライバルと競争しながら大型草食獣の死骸を漁る、ハシブトガラス以上に力技の必要なカラスなのであろう……と想像しているのだが、これはもちろん、単なる想像にすぎない。確かめるにはオオハシガラスを観察してみるしかあるまい。

山のカラスたち

「野生の」ハシブトガラスの暮らしぶり

1994年夏、屋久島《やくしま》西部でのサル調査。地図によると、そのナイフのように細い尾根《おね》が私の定点だった。道など全く無いが、上ってきた尾根は間違いではなかったようだ。標高は1000メートルあたり。岩にしがみつくように生えたサクラツツジに座りながら、霧のまとわりつく国割岳《くにわりだけ》の断崖を見上げ、まるで水墨画だ、ヤクシマザルより孫悟空が出そうだな、と考えていた。目の前には深い谷、向こうには尾根。視界は時折、霧に閉ざされる。いや、麓《ふもと》から見ればこれは霧ではない、雲だ。自分は雲の渦巻く下限あたりに座っていて、時折、雲の中に入り込んでいるのだ。人の気配はまるでない。海岸まで2キロ余り、最も近い集落までは直線距離でも5キロ以上ある。

その時、谷間から聞きなれた声が聞こえて来た。サルの声ではない。ハシブトガラスの、よく響く「カア、カア、カア、カア……」という声が聞こえる。方角からして左手の谷の中、相当遠い。コンパスと地図で確かめると、500メートル以上は離れていそうだ。そう思った瞬間、今度は尾根を越えた反対側からも「カア、カア、カア、カア……」と声が響いてきた。今、この谷の中にはハシブトガラスがいて、おそらくキロメートル単位の距離を保ったまま、音声コミュニケーションをとっている。それが、私が「野生の」ハシブトガラスに出会ったと感じた、最初の経験だった。

野生のカラス、という言い方はもちろん、おかしい。飼育されていない限りカラスは全て野生だ。だが、特にハシブトガラスについては、都市の鳥という感覚が強すぎて、人間のいない場所にカラスがいるという事実を忘れそうになってしまう。だから、「人間の影響の少ないカラス」という意味で「野生の」と呼ばせてもらった。

最初に紹介したように、ハシブトガラスは森林の鳥である、と考えられている。英語ではジャングル・クロウだ。文献を見ても森林の鳥だと書いてある。しかし、山の中でハシブトガラスはさっぱり見当たらない。ハシブトガラスのような大型でよく鳴き、目立つ鳥はラインセンサスでの出現率が200パーセントくらいになる(つまり1羽でも2度はカウントしてしまう)ともいうのに。自分の記憶を念入りにさらってみると、あそこの山で見た、あの時あの山で見た、といった断片的な記憶ばかりだ。非常に漠然とであるが、実家の裏山だと1キロか2キロに1回くらい、カラスの声を聞くかな? という気がするのだが、確信がない。

一方、日本アルプスなど登山客の多い高山で「ハシブトガラスを見かけるようになった」、「以前はこんなにいたとは思えない」、「夏だけでなく一年中いる」、「これはどうしたことだ」という声もある。確かに登山ブームの時代に山に生ゴミが増え、カ

▲カラスだって森の中で深呼吸するほうがいい

ラスどころか野良犬までが高山に出没したということはあった。だが、その後、登山客のマナー向上などもあり、ゴミがあふれ出しているという状況ではなくなっているはずだ。

日本の国土の大部分を占める山地、森林に、ハシブトガラスは本当にいるのか？どういう森にはどれくらい生息するものなのか？よくよく考えてみると、これは誰も調べていない問題だった。ハシブトガラスが最も観察しやすい日本で、我々は「都市化した」ハシブトガラスだけを見て、カラスはあんな鳥、こんな鳥と言っているわけである。これは東京の印象だけで日本を語るくらい、マズいのではないか。「日本は電気屋の国で、メイドさんの仮装をした女の子とオタクしかいない」と言われたら、お前はどこを見て来たんだと小一時間問い詰めたくならないだろうか。それと同じく、ハシブトガラスの原初的な生活というものを見落としたままで議論してはいけないのではないか。

というような理屈はまあ後からひねり出したもので、最初に感じたのは「山の中のカラス、見てみたいな」という極めて単純な感覚だった。もう一つは「高山帯にまで増えてきやがって」という声に対する「いや、元からいたかもしれないじゃん」という反論である。

実は、私は学生の頃に屋久島でのニホンザル調査にハマり、龍谷《りゅうこく》大学の好廣眞一先生率いる「ヤクザル調査隊」に十数回参加していた。冒頭の一節もその時の経験だ。その中には冬の山頂域、森林限界を超える辺りの調査も含まれていた。さて、その時に泊まっていた山小屋の宿泊ノートにこんな記述があった。

「花山歩道の見通しのいい岩の上で弁当を広げ、ちょっと用を足しに行って戻ってきたらカラスに弁当を食われていた」

翌日、その「見通しのいい岩」と思われる場所で定点調査を行った友人は、1羽のカラスが何度も偵察に来たと教えてくれた。私自身も、1995年の1月1日、氷結してチラチラ光る自分の前髪ごしに、黒味《くろみ》岳《だけ》（1831メートル）山頂上空を旋回するハシブトガラスを目撃した。実際、屋久島でカラスを追跡できないかと考えたこともあったが、これは到底無理だった。屋久島の森林では、カラスが30秒で飛ぶ距離を歩いて突破するのに30分かかる事も珍しくない。

山の中に、カラスはいる。だが、何をどうやって調べるか。

というような事を同じくカラス屋の森下英美子さん（文京学院大学環境教育研究センター）と語っているうちに、2人で山のカラスを追い回すことになった。最初は「1キロに1ペアくらい、いると思うけど」という漠然とした印象を確かめるつもりで山に行ってみた。そしたら、確かにカラスはいた。非常に大雑把に見て、1キロか2キロごとに1ペアいるか、な？という感じであった。同時に、山の中ではカラスを探索するのが非常に難しいこともわかった。いないと思っていたら目の前にじっと止まっていたり、立ち去ろうとすると「カア」と鳴いたりしたからである。意外な事に、山のカラスはとても静かなのだ。「カラスは騒々しいから、いれば絶対わかる」という感覚そのものが、街でしか通用しないものだったわけである。

そこで、一計を案じて、鳴かず飛ばずのカラスを鳴かせて飛ばせることにした。繁殖しているカラスは縄張りを持っているのだから、侵入者があれば騒ぐはずだ。だから侵入者を演出してやればよい。こういう、「鳴き声を聞かせて反応させる」という調査をプレイバック法という。実は、地声でカラスの真似をしても可能だ。これは某・爬虫類研究者の方に教えて頂いたのだが、「恥ずかしがらずに大声でカアカア言うのがコツ」だそうである。考えてみれば30年前の自分の経験を確認する事になるわけだが、さすがに「地声で適当にカアカア言いました」では論文にしにくいので、ハシブトガラスの鳴き声をMP3プレイヤーで再生し、乾電池駆動のスピーカーにつないで流すことにした。

調査は、プレイバックへの反応の確認と、実際に野外での分布調査を行う場所の選定から始まった。場所については、正直に言ってよくわからないので、適当に山奥で、車で移動できる場所、という理由で埼玉県秩父《ちちぶ》市方面の林道を選んだ。プレイバック法は東京と埼玉のあちこちで試したところ、「プレイバックを聞かせた後の5分間の方が、聞かせる前の5分間よりもカラスはよく鳴く。あるいは、音源に接近してくる」という結果が得られた。つまり、「プレイバックすればカラスは反応する」という根拠がこれでできたわけである。実際にはこれも大変で、カラスが常に人間や周囲のカラスに向かって鳴いていて比較にならない場合も、しばしばあった。

本番での調査方法はこうだ。まず、ルートを考え、地図を見て1キロ置きに定点の場所を決めておく。次に実際に下見に行き、地形図とカーナビと風景を見比べて「このへんかなー？」という辺りで、車を停められる場所を定点とする。どうしても停められなければ車を置いて歩いて戻るしかないが、意外と「ここでいいかな？」という所に退避場所があったりする。そして、その地点をカーナビに記録しておく。これで定点が全て決まったら、本調査開始である。朝（ただし、ねぐらから出勤中のカラスを拾ってしまわない程度に遅く）定点に行き、音量最大のスピーカーでカアカアと声を流す。この時の音量はスピーカーから1メートルの距離で約85デシベル、山中なら800メートルほど届く音量だ（だが、それでも本物の声よりはやや小さい）。そして、5分間じっと待つ。カラスが反応すれば鳴き返して来るし、うまくすると頭上に飛来してぐるぐると飛び回るので、これを記録する。一番いいのは、両側からカラスが出てきて「さっき鳴いたのはお前かー！」「お前こそ入ってこようとしただろ

◀山のカラスは物静かな性格

うが！」と喧嘩して縄張り境界線を示してくれる事なのだが、さすがにそこまで都合のいい状況は、多くはなかった。

カラスの音声しか聞こえない場合、居場所は音だけで推定することになる。これはちょっと不安があったのだが、屋久島でのサル調査の経験から、人間の耳は意外と正確に方向を探知できるという印象はあった。カラスの場合も、音声だけで方角と推定距離を記録してから双眼鏡で探してみると、かなり正確に位置を割り出せている事がわかった。距離もそんなには違わない。

ということで、山の中の道路に車を止めてカアカア鳴き、しばらく停車してまた出てゆく、という実に奇妙なドライブを週末ごとに繰り返していたわけである。

山のカラスは未知数だっただけに、時折常識が通用せず、面食らうことがある。例えば、どうも山の中のカラスは針葉樹林が好きなのではないか？　と思えるフシがある。近くにはきれいな新緑の山々があるのにそちらには住み着かず、スギの密植された山をうろうろしているカラスを見ると「なんでここにいるんだ？」と首をひねりたくなる。

さらに、標高が上がってもカラスは平気らしい。さすがに森林限界を超えると住め

ないかもしれないが、一時的に森林限界を超えて岩場までやって来ることはあった。屋久島第2峰の永田《ながた》岳《だけ》（1886メートル）の山頂の岩の上で1日定点をやっていた事があるが、突如、水平方向から「カア、カア、カア」と声が聞こえて驚いたことがある。方角からしても屋久島最高峰の宮之《みやの》浦岳《うらだけ》（1936メートル）の山頂からとしか思えないが、まさかね、と思って双眼鏡を向けたら、山頂のすぐ下の岩に黒いものがいて、ヒョコヒョコと動いているのが見えた。ハシブトガラスが鳴いているように見える、と思った数秒後、「カア、カア、カア」と声が聞こえた。雑音も遮《さえぎ》るものもない場所なら、カラスの声は1・5キロも届いたのだ。

だが、見ているだけでは全くわからない事もある。大きな問題は、餌である。広葉樹林ならばそれなりに餌はありそうだが、具体的に何を食べているのかは、ほとんどわからない。まして生物相の多様性に欠け、数も少ないというイメージのある針葉樹林で一体何を食べているのだろう？

森林のカラスを観察「し続ける」のはほとんど無理だ。イメージとしては猛禽を見ているのに近く、飛び去ってしまったらもう見えない。こういう場所でカラスの食性について調べる方法を、今のところ思いつかない。糞やペリットを拾うのは有効な方法だろうが、滅多に出会えないカラスの糞を拾うのは無理だ。もう少し科学的な方法としては炭素─窒素安定同位体比を用いて栄養段階を推測する、という手もあるが、カラスのように餌品目が絞りにくい相手にはちょっと使いづらいだろう。第一、羽すらロクに拾えないのでは分析するサンプルが手に入らない。

この研究は現在進行形で、結果については明確な事がまだ書けない。ただ、山の中にはハシブトガラスがちゃんといる。人里があれば確実にいるが、人里がなくてもいる。そして山林にいるのはハシブトガラスだ。

かつて、人間が日本列島に住み着く以前には、ハシブトガラスは森林で生活していたはずなのだ。そういう意味では、人のいない森林のカラスは遥か過去のカラスともいえる。そこから人里へ近づくにつれて、だんだん「狩猟採集生活の頃のカラス」「ムラ社会のカラス」「都市が成立した頃のカラス」となってゆくわけだ。

山のカラスのプレイバックに対する反応は様々だ。プレイバックの最中に打てば響くように鳴き返して来るものもあれば、数分黙っていてから鳴くものもある。非常にわかりやすく、鳴きながら飛んできて上空を旋回するものもある。ピタリと音源の真上を旋回する精度の高さには驚かされるし、「じゃあカラスを呼ぶからねー」とカアカア鳴いてみせて、本当にカラスがすっ飛んで来るのを学生に見せると感動される。さらに、枝に止まって激しく威嚇する場合もある。別に我々に対して怒っているわけではなく、あくまで侵入者を探しているのだ、と思う。

やっかいなのは、まったく鳴かずにじっと観察しに来る個体だ。気配を消したカラスを発見するのは、非常に困難である。あの巨体が？　と思われそうだが、森林においてカラスくらいの太さの枝は普通にある。真っ黒い体も、空をバックに見上げれば枝葉は黒ベタに見えるので、カラスと区別がつかない。さらに照葉樹林やスギ林内は薄暗いので、いろいろな物が影になって見える。そこにカラスが混じっていても、全く気づかない。

その中で「何か妙だな」という気配に気付いてじーっとあたりを探すと、「あの枝が何だかさっきより太い」とか「あんたとこに枝あったっけ？」とか、「今、カツッと音がしたのは枝に爪が当たったたんじゃないか」とか、そういう些細《ささい》な違和感を覚えることがある。その瞬間に「そこだっ！」と双眼鏡を向けると、カラスがいたりする。山の中でカラスを探すのは、時に忍者と戦っているような具合になる。

さらにカラスは木の幹に隠れるのが上手だ。偶然そこに止まったというより、わざと隠れているとしか思えない動きを見せることがある。こちらが見つけて観察していると、視線を避けるように枝や葉の後ろに身を隠すこともある。

面白いのは、顔だけ隠して安心している例が時々あることだ。カラスの感覚では「自分から相手が見えなければ、相手からも自分が見えない」という事になるらしい。丸見えの体を観察していると、カラスがそーっと顔を出して見られていることに気づき、慌てて逃げて行くこともある。

ところで、これほど用心深いようでいながら、カラスはお調子者だ（森下さんはカラスのことを「小心者でお調子者」と評している）。我々が観察に行くと、向こうも同じく、観察に来ているのではないかと思える節がある。

それを裏付けるような出来事があった。屋久島で調査していた時、ある学生の定点だけ毎日のようにカラスが出てきた事がある。しかも音声だけでなく、目視情報が多いのだ。その定点が良いのかと思ったら、違う調査員が入るとカラスが来ない。不思議だなあ、と思っていたのだが、ある日、雑談していたら「定点で何してる」という話題になり、その学生は「ヒマなので歌って踊っている」ことが判明した。しかも彼女の着ているカッパは真っ赤だ。普段は誰もいない林道から声が聞こえ、近づいたら真っ赤な人影が踊っている……それはカラスならずとも見物に来るであろう。私は調査中は地味、というかほとんど迷彩のような色合いの事が多いが、カラス調査の時だけはド派手にしてみるのも、手かもしれない。

カラスの遊びと知能

難しいので、ちょっとだけ

少しだけ、カラスの「遊び」について書いておく。

遊びにカギカッコをつけたのは、「いわゆる遊びと呼ばれる、多くの人の目に遊んでいるように見える行動」という意味だ。またまためんどくさい事を……と思われるかもしれないが、学者とはめんどくさいものなので勘弁して頂きたい。遊びは定義がありそうでなさそうな、やっかいな行動だ。一般には「直接役に立つわけではないのに、コストをかけてやっている事」とでも言えるだろうが、なかなか判断が難しい。例えば子猫がボールを追いかけて前足で叩き、噛みついているのは「今、直接には」役に立たない。だが将来の狩りの練習として役立つとも言える。

人間にしても、競馬は「遊び」と見なされるだろうが、大穴を当てて何か買ったら直接役に立ってしまって、その瞬間に遊びではなくなる、というのもおかしな話だろう。逆に「実は何かの練習なのだ」と言ってしまうと、これまた「野球は役に立つのか、原始人はボールとバットで狩りをしたのか」といった妙な議論になりかねない。だが、ボールとバットは用いなくても、槍《やり》を投げたり、石斧《いしおの》を正確に操ったり、類似した行動はあったはずだ。ここでバッティングセンターや打ちっぱなしを考えれば、「思い通りにかっ飛ばす快感」は遊びの要素となり得る、と考えられる。してみると遊びとは「ある行動や課題が達成される事を快いと感じ、その快感のみを充足させる行為」とでも定義できるのかもしれない。ある行動とは狙った通りに体を動かすとか、動くものを追いかけて捕まえるとか、予測を的中させるとか、生存に関る行動に根ざすのだろう。そう考えると、動物と人間の遊びを同列に論じられそうな気がする。

ただ、大脳生理学にまで還元してしまうと外見から客観的に判断するのは不可能だ(そもそも神経系は遊びと本番の充足感を区別しているのかどうかわからない)。とは言っても、動物を見ていると「これ、絶対遊んでるよね」と言いたい行動は確かにある。一方で、何でもかんでも遊びと呼んでしまう事にも抵抗がある。例えばザトウクジラのバブルネット・フィーディング（複数のクジラが噴気孔から泡を出しながら魚群を取り囲み、一網打尽《いちもうだじん》にする採餌行動）も、魚がいることを知らなければ遊びに見える。だからエクスキューズをこめて「遊び」と書いたわけである。

と言い訳をした上で、カラスの「遊び」について述べよう。

カラスはよく「遊ぶ」。他の鳥も遊ぶのかもしれないが、人間の目から見てカラスほど分かりやすく遊ぶ鳥は珍しいように思う。先の定義を踏まえて言えば、実生活から離れて「楽しむためだけの行動を作り出す」事ができるのかもしれない。

滑り台にしゃがみ込んで滑った、雪の上を背中で滑った、といった観察はいくつもある。しかもわざわざ歩いて登っては滑り降りる例が多い。意図的にではなく滑り落ちてしまった例もあるだろうが、ワザとやってんじゃないの？という例もしばしばある。

風乗りと言われる、風に向かって翼を広げ、フワッと浮き上がる行動も見られる。電線からぶら下がったり、鉄棒のようにグルンと回転して戻ったりする行動もある。風乗りは飛行訓練とも言えるが、ぶら下がって1回転する行動を「将来役に立つ」と主張するのはちょっと難しいだろう。「そうそう、枝から落ちそうになった時便利や

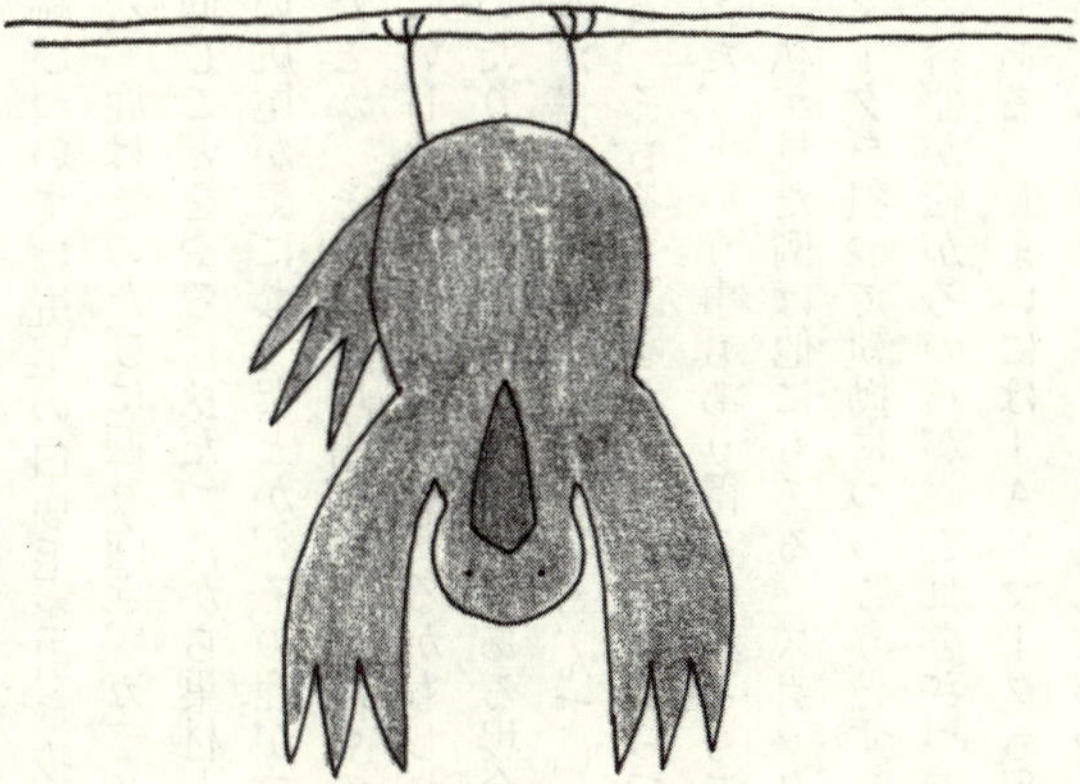

からね……って何でやねん！　飛んだらええやろ！」とノリツッコミを入れたくなる。
　もっと単純な例では、やたらに引っ張る、つつく、といった行動がある。恐らく採餌と直結しているのだろうが、カラスはとにかく穴があれば覗きこみ、はみ出たものがあれば引っ張る。「なんだか気になるとても気になる」といった感じだ。これが高じて、神社の屋根の檜皮《ひわだ》をむしったり、電線の被覆《ひふく》を剝がしたりする事もある。これも遊んでいると言えば、言えなくもない。ちょっと単純だが。
　いささかタチの悪い悪戯《いたずら》としては、「弱そうな相手にはチョッカイかけてもいい」という行動もありそうだ。奈良公園で1頭の年とった雄鹿の後を2羽のハシブトガラスがちょんちょんと付いてゆき、ピョンと跳びついては尻尾の白い毛を引き抜く、という行動を何分も繰り返していた事がある。鹿はそのたびに振り向き、カラスはわざとらしく飛びのき、鹿が歩き出すとまた同じことをやる。秋だったから巣材として狙っていたわけではない。恐らく、鹿の白い尻尾が気になったとか、その鹿がヨボヨボで足を引きずっていたので狙いやすかったとか、そういう理由が重なったものと思われる。

いじめているように見えるかもしれないが、公園の池でアヒルの群れを蹴散らしていたりするのはパン争奪戦である場合が多い。だが、これも（言いたくないが）アヒルが慌てふためくのを見て喜んでいるんじゃないの？　という例も、見たことはある。そもそも餌なんか無かったからである（餌があると信じて蹴散らしたら実は無かった、という事もあり得るけれども）。

私が見た例は他にもある。スナック菓子の入っていたカップ状の空容器の、ＪＡＳマークを狙って執拗につつこうとするハシボソガラスがいた。勢いよくつつくと反動で容器が転がるのだが、これをさっと追いかけては足で踏み、またガツンとつつくのである。しまいにはＪＡＳマークも狙わなくなり、容器を転がしては押さえることを楽しんでいるようにしか見えなかった。

また、恐らくその年生まれのハシボソガラスが低い枝に向かってピョーンと跳びつき、葉っぱをくわえてぶら下がるという行動を行っていたのも目撃した。その体勢から必死に枝にしがみついてよじ登っていたが、それはまるで足掛け逆上がりを練習する小学生のようであった。面白いのはそれを見ていた回りの個体が我も我もとやろうとして、「僕が先だー!」とばかりに喧嘩になってしまったことである。

これはまあ、運動能力をアピールしていた、運動の練習をしていた、と言えなくはないが、全く理解に苦しむ一人遊びを見たこともある。ある時、1羽のハシボソガラスが芝生でマツボックリを見つけた。最初はくわえていたが、次にこれを片足で握り、そのまま歩き始めた。片足だけ下駄《げた》を履《は》いたような具合で非常に歩きにくそうであったが、5〜6歩は歩いたと思う。次にマツボックリを握ったままコロンと横倒しに寝て、首を曲げて、足で握ったままのマツボックリをくわえた。そして、そのまま仰向けになってゴーロゴーロと左右に体を揺すり始めた。さながらタイヤにじゃれつくパンダ。「一体何をやっとんじゃこいつは?」と思って見ているとヒョイと起き上がってマツボックリをくわえて飛んで行ってしまったのだが、いまだに一切の解釈が不能な謎の行動である。類似した行動もない。解釈不可能だから遊びだ、というのは安直だが、マツボックリをくわえてゴロゴロする事に適応的な意味がある、と主張す

▲動物園でいくら並んでもこんなに愛くるしい
カラスの姿は見られない

るのもかなりの無理を感じる。

逆に、遊びにも見えるがそうではなかった、という行動もある。ハシボソガラスによる「置き石」事件だ。神奈川県内のJR線で謎の置き石が何件か報告され、東大の樋口らの調査でカラスが犯人だとわかった事がある。「遊びではないか」「カラスは賢いから」「JRに巣を撤去されたことがあるので、その仕返しかも」といろいろ噂《うわさ》されたが、結論から言えば「線路のバラスト（敷かれた小石）の下に餌を隠す際、石をくわえて持ち上げた後、レールが丁度いい高さにあるので置いた」という事であった。列車が接近するとカラスは石を放置して飛び立ってしまうので、「置き石事件」が発生するわけだ。このように、遊びでも何でもない行動が「カラスだから」と深読みされてしまう事もある。

というわけで、カラスのやる事をなんでもかんでも遊びと呼ぶ事には賛成しないけれども、なんだかワケのわからない、人間の解釈や分類を吹っ飛ばすような行動は確かに見たことがあって、とりあえず「遊び」としておくしかあるまい、と思ってはいる。

遊びとは少し違うが、カラスは音声の模倣、つまり物真似がなかなか得意で、飼育されたカラスはしばしば人間の言葉を真似る。だいたいは「カー子ちゃん」「おはよう」といった定番の挨拶《あいさつ》のようだ。九官鳥やヨウム（オウムの一種）ほどではないにせよ、なかなか上手に喋《しゃべ》る。特にハシブトガラスの音声は音響特性が人間に似ていて、お互いに真似やすいのだ。だが、カラスがなぜ人間の言葉を喋るのかはよくわからない。そもそも九官鳥やオウム類も、人の言葉を真似る理由はよくわからない。

鳥の中には、別種の鳴き声のフレーズを取り込み、レパートリーを増やしたり、自分の歌を複雑にしたりするものがある。日本ではキビタキやモズが有名だ。南米のマネシツグミのように、「これがマネシツグミの本来の歌」とされたものが悉《ことごと》く物真似だったという鳥もいれば、カメラのシャッター音さえ真似るコトドリのような器用な鳥もいる。こういった芸当は恐らく、ライバル雄に対する牽制《けんせい》や、雌に対するアピールだ。モズの鳴き真似は他の鳥を呼び寄せて食べるためではないか、という説もあるが。

だが、どう考えてもカラスがそういう鳴き声で雌にアピールしているとは思えない。オウムにしても、野外で物真似を行って雌を呼ぶという事はなさそうである。人の声を真似ておびき寄せて食べるなどという事もありえない。ではなぜ、物真似をするのか。

カラスとオウムに共通するのは、どちらも群れを作る鳥だという点だ。集団の中で音声コミュニケーションをとる際、口真似が必要な場合というのが、何かあったのかもしれない。

そう考える理由の一つは、カラスは聞こえてきた音を即興で真似ているのでは？と思う事があるからだ。武道場の前で「イチ、ニ、サン、シ！」という掛け声に続けて同じ回数だけ鳴いたカラスや、道路工事の削岩機が「ダラララ……」と鳴るたびに「ガラララ……」とひとりで鳴いていたハシブトガラスを観察した事がある。

こうした事例から、聞こえた音を真似して返す、という行動レパートリーがあるのだろうとは推測できる。そこが個体間の音声コミュニケーションとどういう関わりを持つかについては、多少のアイディアはあるのだが、研究途上といったところである。

遊びと並んでよく聞かれるのは、「カラスって賢いんですよね」という質問だ。しかし、これは非常に難しい。しかも話し出すと長い。だから聞かれたら「うーん」と唸って誤魔化すのだが、空気を読んでもらえた例《ためし》がない。仕方ない、話すか。

動物の知能を調べる方法として、スキナー箱を用いた条件付け学習の実験がある。

ハトやサルがボタンを押して、問題に正解するとご褒美《ほうび》に餌が出て来る、という仕掛けを御覧になった事はないだろうか。これがスキナー箱だ。これで調べると、確かにハシブトガラスはドバトより覚えるのが早く、記憶している期間も長い。

だが、これは知能指数テストのようなものである。知能指数は賢さの一要素かもしれないが、賢さそのものではない。それに我々はよく「テストの点数と賢さは違う」などと言うではないか。

問題をさらにややこしくしているのは、種類の違う動物の「賢さ」を一律に計る方法などあるのか？という疑問である。例えば、正解のボタンを押し続けていればそのうち餌が出るよ、という装置を使ってハトに課題を解かせると、ハトは餌が出るまで何千回でもボタンをつつく。諦めるという事を知らないのだ。例えて言えば、自販機にコインを入れてボタンを押したのにジュースが出て来ない時、「出ないよ？　出ないよ？　出ないよ？」と何千回も押し続けるのがドバト流である。人間なら「アホか、それ故障してるに決まってるやろ」と言われるだろうし、普通は返却レバーで硬貨を取り戻して他の自販機を試すだろう。それが人間の「賢さ」である。

だがここで、ハトの視線で考えてみよう。ドバトの餌は果実や種子で、地面にめり込んだような種子でも、つついていればそのうち口に入るらしい。ならば、「この餌を手に入れるにはどうしたらいいだろう」などと立ち止まって考え込む方が、かえって効率が悪そうだ。「余計な事を考えるな、黙って手を動かせ」的なストイックな世界観を持っているのがドバトだ。つまり、「諦める事を知らない」「何も考えない」というのはドバト的には全く正しい、最も賢いやり方だとも言える。さあ、生物として「賢い」のはどちらだろう？

とはいえ、2枚の煎餅をきちんと重ねて一気にくわえあげるカラスは賢く見える。クルミを力任せに叩き割ろうとするよりは、上空から落とす方が賢く見える。わざわざ翼を使わず、道路にクルミを置いて轢かせて割る方がさらに賢く見える。そう、問題は「見える」なのだ。人間にとって「賢く見える」事が「賢い」の定義である。これは「賢いから賢い」という循環論法に陥《おちい》っているけれども、人間の基準で動物の能力を計るのはそもそもそれくらいの無理がある。しかも「賢い」は「上手にさばいた」「効率のいい手を考えた」など複数の意味をもつ。おそらくヒトの感じる「賢さ」はヒト自身が必要としてきた能力、すなわち、複雑な社会を維持し、非力な手足を補うための効率の良い方法を考え、そのために経験を記憶して理解し、計画を立てる、といった一連の能力を指すのだろう。

という前提を置いて（長くなるって言ったでしょう？）、カラスの能力を見てみると、確かに記憶が早い、記憶力が良い、といった特徴は人間から見て「賢い」「頭がいい」と判断する理由の一つだろう。

ニューカレドニア島に住むニューカレドニアガラスは道具を使うのみならず、自分で道具を作る。ガラパゴスのキツツキフィンチはサボテンの棘《とげ》を道具として使うが、自分で加工することはない。ニューカレドニアガラスは葉柄《ようへい》を曲げたり、葉の縁を切り取ったりして、使い易いように調整し、さらに「マイ道具」をとっておいて何度も使う。道具を「作る」のは少し前までヒトの特権と考えられていたし、近年でもせいぜいチンパンジーまで拡張された程度だっ

たから、ニューカレドニアガラスは一挙にここに飛び込んで来たことになる。

その上、実験条件下でパイプを組み合わせた装置に餌を入れておくと「こっちからつついてもダメだからあっちから押してこの穴に落として」くらいの事はすぐに見抜くし、「この道具じゃ餌に届かないから、まずこの短い道具であの長い道具をパイプから引っぱり出して、今度は長い道具に持ち替えてから餌を引っぱり出して」という複雑な計画まで立ててしまう。これは「なんか知らないけど、こーゆーのくわえて適当にツンツンしてたら良い事があるの」というような曖昧《あいまい》な理解ではなく、道具の特性を理解して計画を立てることができる、と考えるしかない。こういう能力はやはり素直に「驚くほど賢い」と言うべきなのだろう。

ニューカレドニアガラスは一躍有名になり、ケンブリッジ大学などで数々の実験が行われた。その中には「他のカラスはどうなの？」というものも、当然あった。驚いたことに、ミヤマガラスは針金を曲げて道具を作り、餌を引っ張り上げる事ができたのである。正直に言えば、日本で冬に見かけるミヤマガラスは集団で落ち穂拾いをしているだけの没個性な印象で、どちらかというと「カラスにしては馬鹿っぽい」鳥だと思っていた。お見それしました。だが、ミヤマガラスが野外で道具を作り、使ったという記録は一切ない。どうやら飼育下で見せる潜在的な能力と、野外で普通にやってみせる、という事は同じではないようだ。

もう一つ、種類による生活史の差も考える必要がある。霊長類の知能については「社会的知能」が重要だとされている。群れのメンバーを記憶し、順位や力関係を整理し、個体間の関係を上手に捌《さば》いて世渡りをする、それが社会的知能だ。政治的なアタマと言ってもいい。これが他の方面にも転用されて「高度な知能」を生んだのではないか、という説がある。カラスの中ではワタリガラスが非常に高度な社会的知能を見せ、一般に「賢い動物」と認められている。ところが、ワタリガラスの道具使用については全く報告がない。他人の視線を気にしたり、他個体の行動を観察して学習したりする事はできるのに、道具を用いた餌のハンドリングは思いつかないらしいのだ。鳥類の場合、採餌方法に特化した器用さや工夫が、道具使用という特殊な「賢さ」を生む面があるのかもしれない。

霊長類においても、チンパンジーに劣らないくらい賢いかもしれないオランウータンは群れを作らない。つまり社会的な知能はあまりいらないように思える。だから社会的知能だけが知能の発達に重要であった、と言い切ることはまだできない（オランウータンでは樹上を効率良く移動するルートを予測する能力が知能と関連するのではないか、という仮説もある）。

▲道具づくりに妥協なんてない。それが職人だ

これはつまり、「カラスは」賢いと全部ひとまとめにして語ることができないかもしれないし、カラスの「賢さ」にも色々あるかもね、という意味だ。個人的には、実験すればハシボソガラスは何かやらかしてくれるかもしれないが、採餌に関してとかく力任せなハシブト君には道具使用は難しいかな？　と思っている。

文庫版追記：飼育下であればハシブトガラスも棒で餌を引き寄せるとのこと。ただし、あまり上手ではないらしい。

太陽と狼とカラス

神の使いか、魔女の眷属か

大学院の修士課程を終えた春、同級生たちと紀伊《きい》半島半周ツアーというよくわからない旅行をしていたときのことだ。その時向かっていたのは、和歌山県の川湯《かわゆ》温泉だった。私はついでに熊野本宮大社《くまのほんぐう》にも寄ろう、と強硬に主張した。熊野大社はヤタガラス縁《ゆかり》の神社、カラス屋ならば素通りしてはならない聖地だからである。幸い、川湯温泉と熊野大社は近い。

車で熊野に向かう途中、道がT字路になっている場所があった。行くべきは右か、左か。道路地図を見ると、あろうことか囲み記事があって、肝心の場所が見えなくなっている。困った。

その時、私はT字路の真正面の電柱に、1羽のカラスが止まっているのを発見した。窓から顔を出して「おーい、熊野さんはどっちだ？」と声をかけてみると、信じられないことにカラスはプイと後ろを向いた。いや、そっちは道じゃないってば。「お前、それでもヤタガラスの末裔《まつえい》か？ちゃんと道案内しろよ！」と怒鳴ると、カラスは非常に面倒臭そうな様子で、くちばしで左を指し示した。そこで私はハンドルを握っていた友達に「左」と告げたのである。

数分走ったところで彼に「標識出てた？」と聞かれたので「いや、カラスが左を向いたから」と答えたら絶句された。だが、その途端に「川湯温泉　この先」とい

▲道案内してるほど暇じゃない

う看板が現れたのである。どうだ、畏《おそ》れ入ったか。

ただし、この「カラスに道を聞く」という手が通用したのは、この1回だけである。やはり熊野の山でなければうまくいかないのであろう。

この一件は、古事記と日本書紀に登場するヤタガラスにまつわる話題だ。カラスは世界で様々な神話に登場し、あるいは死の象徴とされてきたのである。逆に言えば、それは人々がそれだけカラスをよく見ており、常に気にしていた、という事だ。

まず、日本のヤタガラスから紹介しよう。漢字で書けば「八咫烏」となる。咫は「あた」と読み、長さの単位だ。一咫は約18センチなので八咫ならば144センチだが、何の長さが八咫なのかは記されていない。翼開長が144センチならワタリガラスを超える大きさだし、くちばしの長さが144センチもあったらもはや怪獣だ。だが、八は「たくさん」という意味だろうから、「たくさんの咫」すなわち「とても大きい」と思っておくのが妥当だろう。

ヤタガラスは神武《じんむ》天皇一行が熊野山中で道に迷った際、道案内として遣《つか》わされた鳥である。3本足の大きなカラスであったという。熊野本宮大社、熊野那智《なち》大社、熊野速玉《はやたま》大社のシンボルとなっており、熊野三山の社章にはいずれもヤタガラスが描かれている。絵馬もお守りや手ぬぐいもカラスだ。起請文《きしょうもん》に使う牛王宝印《ごおうほういん》には多数のカラスが描かれているが、これは烏文字といって、神社の名になっている（というが、私には読めない）。起請文を書いておきながら誓いを破ると熊野のカラスが3羽死ぬと言われているのだが、「三千世界の烏を殺し　主《ぬし》と朝寝がしてみたい」という都々逸《どどいつ》は「遊女の起請文なんぞ忘れてしまいたい、熊野の烏が全部死んでも構うもんか」という意味だともいい、あるいは嫌々起請文を書くとカラスが死ぬから皆殺しにして朝寝坊してやりたいという意味だともいう（落語の「三枚起請」がこちらの意味）。熊野三山はもともとカラスをミサキ（神使）として祀《まつ》っているので、太陽の使いであるヤタガラスはそれに相乗りしたというか、「最強のミサキ」という事なのだろう。

さらに、これは後で知ったことなのだが、ヤタガラスは賀茂建角身命《かもたけつぬみのみこと》の化身とも言われているとのこと。賀茂建角身命といえば鴨長明《かものちょうめい》を輩出した賀茂氏の始祖で、これを祀るのが京都市の下鴨神社（賀茂御祖《かもみおや》神社）、つまり私がカラスを調査していた場所だ。なんのことはない、ヤタガラスのお膝元《ひざもと》でカラスの調査をしていたわけである。ヤタガラスそのものを祀った神社としては奈良県の宇陀《うだ》市と橿原《かしはら》市にそのものずばりの八咫烏神社がある。また、橿原神宮は神武天皇を祀っているため、ヤタガラスのお守りがある（ちなみに橿原市の市章はヤタガラスとともに遣わされたトビ、金鵄《きんし》をモチーフとしている）。

ヤタガラスの最大の特徴は3本足という事なのだが、これは日本オリジナルではなく、どうやら古代中国の伝説由来である。古代中国には「3本足のカラスが太陽の黒点に住んでいる」という言い伝えがあるからだ。また黒点はそれ自体がカラスだとも言い、カラスは太陽と地上を行き来する鳥だとも言われている。足が3本なのは神性を示すためか、あるいは陰陽思想では奇数が陽を示す数だからだろう。エジプトでもカラスは太陽の鳥とされていた。つまり、カラスは真っ黒なのに、太陽の象徴なのである。

夜明け前にカラスの声が聞こえ始め、やがて続々とカラスが飛んでゆくのが見える。夕方はまるで太陽を追いかけるように、夕焼け空をカラスが集団で飛ぶ。太陽からやって来て、また帰る鳥と思われるのも納得がいく。そのように考えると、「日の御子《みこ》」の一行に対し「太陽の鳥」であるカラスを遣わしたのも、不思議ではない気がする。ヤタガラスに直接命じたのは天照大神《あまてらすおおみかみ》ではなく高御産巣日神《たかみむすびのかみ》すなわち高木神《たかぎのかみ》とされているが、高き木より舞い降りる、というのもカラスらしいイメージではある。

なお、古事記によるとヤタガラスは山を下りたところで道案内としての役目を終えるが、以後は斥候《せっこう》、先触れとして同行している。一行の先を進んで「これから日の御子がお通りになる」と先触れをし、「この先の部族は味方です」「あっちの一族には矢を射かけられました」などと報告するわけだ。カラスは情報通、というイメージは世界共通らしい。

日本においては、カラスは農耕にも関っている。旧正月に豊作を祈願し、その年の田植えの時期を占う「カラス勧請《かんじょう》」という神事が行われてきたのだ。これは播種《はしゅ》時期の違う種籾《たねもみ》で作った餅《もち》をカラスに捧げ、どの餅を食べるかでその年の田植えの時期を決めるというものだ。豊作を祈願してカラスに餅を与えるという風習もあるが、おそらく「餅を食わせる」の部分だけが残ったものだろう。なんでカラス？という気もするが、日照は稲作の鍵となるわけだから、太陽の使いであるカラスに聞くという事もあるだろうし、カラスの「事情通」なイメージに期待して、という事もあるかもしれない。また日本では「勝てない相手はお祀りして暴れないようにする」というのが基本だから、作物を荒らされないよう、カラスのご機嫌をとっておくという意味もあったのかもしれない。京都の上賀茂《かみがも》神社では「烏相撲」の神事があり、カラスに扮《ふん》した神職が「かあ、かあ」とカラスの真似をしながら土俵入りを行う。相撲は大地を踏みしめ悪霊を鎮《しず》める儀式だと言うから、そこに太陽の使いであるカラスのコラボとなれば有難みも倍増である。土俵入りは狂言のようで滑稽《こっけい》な感じなのだが。

その他、東京は新橋《しんばし》の烏森《からすもり》神社の社紋もカラスだ。烏森神社は藤原秀郷《ふじわらのひでさと》（俵藤太《たわらのとうた》）が戦勝を感謝して建てたものだが、白狐が夢に現れて「神鳥の群がる地を神社とせよ」と告げたという。おそらくカラスのねぐらであったのだろう。

府中《ふちゅう》の大國魂《おおくにたま》神社では毎年7月にすもも祭があり、カラスの団扇《うちわ》や扇子《せんす》が配られる。これは豊作祈願、害虫駆除のためだそうである。「古語拾遺《こごしゅうい》」によると神代にこの地の神が怒り、田にイナゴを放って全滅させた。供物《くもつ》を納めて怒りを解いたが、その際にカラスの団扇や扇子で扇《あお》げばイナゴの害が防げると教えられたのだそうである。カラスがイナゴ退治というのは、北海道での実例を思い出す逸話だ。この扇子をカラス仲間の柴田佳秀さんに頂いて持っているが、害虫駆除のご利益《りやく》があるのなら、博物館の収蔵庫を扇いでみようかと思う。

しかし、カラスは農業害鳥でもあり、新潟県の田植え歌には「カラスの頭を八つに割って袋に詰め込んで」などという恐ろしいものもあるらしい。一方では天より遣わされた太陽の鳥であり、その年の豊凶を告げる神の鳥、そして、しばしば農作物を荒らしに来る害鳥。矛盾したイメージとも言えるけれども、人を守り時に祟《たた》る、日本の

▼伝説の鳥、カラス

神々と同じ扱いと言ってもよいかもしれない。

世界で神話的なカラスといえば、やはりワタリガラスという事になるだろう。北米先住民の間では、しばしばワタリガラスが祖霊（トーテム）として登場する。また創世神話にも登場する。トリンギット族の伝説ではワタリガラスがワシに頼んで天界から火を持ち帰らせ、その火を人間に分け与えたという。バリエーションとしては太陽を解き放つ、天空の光を分捕ってくるなどあるが、いずれも「人々に光を与え、知恵を授けるもの」という破格の扱いを受けている。鶏のいない社会では、カラスの声こそが夜明けを告げ、光をもたらすものであったのかもしれない。

　また別の部族の伝説によると、世界は最初、巨大な二枚貝の中に閉じ込められ暗黒であったという。しかしある時、カラスがこの貝をこじ開け、世界の様々なものを取り出してバラまいた。それで今あるような世界が出来たというのである。確かに二枚貝をこじ開けるのも、餌をあちこちに運んでは配置（貯食）するのも、いかにもカラスがやりそうな事だ。

　さらに別の部族の言い伝えによれば、最初にあった世界はあまりにも安楽で、木には脂肪が実り、水は高い方へも低い方へも流れた。それでは人間が堕落してしまうので、カラスはこの世を適当に不便にして、人間がせっせと働くようにしているのだと

いう。なるほどカラスは今もしばしば人間にチョッカイをかけている。カラスにおやつを取られたら「ああ、神様がダイエットせよと仰っている」と思うべきなのであろう。

シベリアから北米の狩猟民のワタリガラスに対するイメージは、このように遥か高みから下界を見通し、なんでも知っている鳥、というものであるらしい。これは恐らく、人間のやる事を常にどこかで見ている、死骸があれば即座に探知してやって来る、人の立ち入らぬ深い森の中で不思議な声を響かせる、といったワタリガラスの行動を見ていた結果だろう。ワタリガラスは非常に広範囲を飛び回り、音声コミュニケーションや社会性が発達しており、しかも極めて用心深い鳥だ。これは言い伝えだが、自分が獲物を見つけると大声で鳴き、オオカミを呼び寄せるという。また雪の上にオオカミの足跡を見つけるとそれを追跡して餌にありつくとか、オオカミの声を聞いて集まるとも言われている。これらの逸話は誇張された部分もあるだろうけれども、オオカミ以外のハンター、たとえば人間も、ワタリガラスはじっと見ているだろうと想像することはできる。

実際、ワタリガラスではないけれども、ハシブトガラスがハンターの後をついてくる事はあるようだ。話を聞いた何人かの猟師さんは皆、獲物を倒すとどこからかカラスがやって来ると言っていたし、猟犬の後を追いかけているのではないかと思えるカラスの移動も見たことがある。アイヌの言い伝えでは熊撃ちに行くとカラスがやって来て、熊の冬眠場所を教えてくれるという。猟師はカラスに感謝して、熊の肉の一部を山に残す。それもカラスが食べやすいよう、枝にひっかけておくという。狩猟民はしばしばオオカミを優れたハンターとして神聖視するが、そのオオカミの相棒のようなワタリガラスも、やはり神聖視されていたわけだ。

北欧においても、ワタリガラスは神に近い位置を得ている。北欧神話の最高神はオーディンだが、この両肩にはフギン（知恵）とムニン（記憶）という2羽のワタリガラスがいる。この2羽は夜明けに飛び立ち、世界を見回って夕方になるとオーディンの元へ戻り、左右の耳からその日の世界の様子を知らせるのである。

そのため、バイキングの旗印や紋章にはしばしばワタリガラスが使われている。実際にバイキングはワタリガラスを船に乗せていたらしく、陸地を探す時はカラスを放して飛び去る方向へ船を進めたという。そうでなくとも軍勢が食料と共に移動し、行く先々が戦場になって死体が転がるのだから、バイキングの行き先にはカラスが付き従っているようにも見えたかもしれない。

バイキングにやられる側だったイングランドでもアーサー王がワタリガラスに変え

◀神様？　悪魔？　人間の想像力の豊かさについていくのも大変だ

られたという言い伝えがあり、イギリス王家とワタリガラスは関連が深い（この辺は軍神的なイメージなのかもしれない）。クロムウェル軍が森を抜けて王党軍の背後に迫った時、カラスの群れが騒いだために王党軍が難を逃れたとも言われている。また、占星術師のお告げにより、ワタリガラスが滅びる時に王家に災いがあるとされており、ロンドン塔では数羽のワタリガラスが大事に飼われている（還暦を越えるほど長生きしたというのが、この中の1羽だ）。残念ながらイギリスでは野生のワタリガラスはほぼ絶滅し、コーンウォール地方に少数が残るのみだそうだが。

ギリシャでは、カラスがアポロンの従者という事になっている（アポロンも太陽神だ）。この頃は白く、声の美しい鳥だったそうだが、アポロンの恋人の浮気を告げたため、怒ったアポロンに真っ黒にされ、声も奪われてしまったという。神とはいえ、八つ当たりも大概にして頂きたい。

バイキングがカラスを使って陸地を探したという話を紹介したが、旧約聖書の大洪水のくだりにもカラスが登場する。ノアは箱舟からハトを放ち、このハトがオリーブの枝をくわえて戻ったために陸地が現れたことを知る、という逸話は有名だ。だが、神の象徴でもあるハトより先に、カラスが放たれたことはあまり知られていない。カラスは戻ってこなかったのである（メソポタミアの同様の伝説では、ちゃんと水が引いた証拠を持ち帰ってくる）。カラスは箱舟の中で勝手に繁殖したために追放されたとか、洪水で死んだ動物の死骸を漁るのに夢中になって仕事を忘れたとか言われているようだが、なぜ誰も「カラスは陸地を求めて飛び続けたがまだ水が引いておらず、ついに力尽きて水に落ちた」というような想像をしてやらないのか理解に苦しむ。いやまあ、「カラスがそんな真面目なわけがあるか」とは思うけれども（ちなみに、「ドリトル先生と秘密の湖」では箱舟の息苦しさに耐えかねたカラスが勝手に出て行ったことになっており、ノアとは別に生き延びた若い恋人達を手助けしている）。どうも聖書ではカラスは分《ぶ》が悪い気もするが、神が預言者エリヤに荒野に身を隠させ、カラスに食物を届けさせたという一節もある。実際的な食料を届けるのはハトよりもカラスの方がそれらしいだろう。

最近知ったカラスに関する言い伝えはインド南部のものだ。死者の魂は死後7日経つと白黒のカラスとなって現世に戻ってくるので、餌を与えてもてなすという。このカラスは明らかにイエガラスである。真っ黒なカラスも来ることがあるそうだが、これは悪魔の化身なので追い払われる。こちらが何ガラスかはわからないが、場所的にはハシブトガラスのような気がする。ムンバイあたりではイエガラスがやたらに人懐っこく、街なかをウロウロしているそうだが、こういう信仰にも関係があるのかもしれない。

▲白い肌に美しい声でした……

自由に飛ぶ鳥は天界と下界を結ぶ存在である、という思想は世界に広くある。鳥葬なども「鳥が肉体から魂を解き放ち、天空へと導く」と理解すれば、そのバリエーションといえるだろう。ヒマラヤ地方ではハゲワシの他、カラス類（おそらくワタリガラスとハシブトガラス）がやって来るようである。

世界的に「カラス＝墓場」というイメージは共通しているらしい。鳥葬を行う社会ならばもちろん、そうでなくても野《の》晒《ざら》しの死体にカラスが集まる光景を、人々はごく普通に見ていたはずだ。日本では墓場のシーンにカラスがいるのは定番と言ってもいいし、欧米でも墓石にカラスが止まってい

▲それなのに……従順に仕えてもこの有様

決して悪者ではありません▶

る絵柄がある。英語で「レイヴンストーン」と言えば「無縁墓」の意味だ。ドイツ語の「ラーベンアアス」はもっと直截的《ちょくせつ》に「ワタリガラスの肉」という意味で、死刑囚とか処刑場の事である。要するに縛り首だか斬首だかで晒された死体にカラスが群がっている、という陰惨な光景を表した言葉だ。疫病《えきびょう》による死者もカラスの餌になっただろう。実際、疫病や飢饉《ききん》の際にはヨーロッパの街なかにまでワタリガラスがやって来た、というような話もある。

もっとも、オーディンにしても戦士の魂をヴァルハラ（オーディンの宮殿）に召して延々と戦わせ続ける戦神ではあるし、ケルトの「戦場の神」であるモリガン、あるいはバズーもカラスを肩に乗せていたり、カラスの姿をとったりすると言われている。戦場には死体が累々《るいるい》と転がり、カラスが集まっている、というのは当時の常識だったのだろう。

中世ヨーロッパではカラスは魔女の使いと見なされるようになる。また、北方狩猟民にとって狩りの神であったオオカミもしばしば魔女の使い、あるいは魔女や魔法使いが変身した姿と見なされている。この辺りに狩猟文化から牧畜・農耕文化への変遷を読み取ることもできようが、どうやらカラスやオオカミには「人に仇《あだ》なすもの」「神にまつろわぬもの」というイメージが刷り込まれて行ったようだ。現在ではかつてあったカラスの神性は薄れ、太陽の鳥であったことも忘れられてしまい、不吉な印象ばかりが残っている。カラス好きとしてはとても残念なことだ。

カラスのつぶやき2

旅鴉のカラス旅

日々、カラスを見ながら暮らしているので、学会に出かけたついでにカラスを見るのはもはや習慣というか日常だ。札幌ではゴミ出しの時間を狙って街中をうろつき、博多では屋台が片付けられた早朝にカラスを探し、原宿の賑《にぎ》わいに背を向けて明治神宮に戻るカラスの群れを眺める。そういうわけで、カラス屋の旅は常に双眼鏡装備である。鳥学会は他の学会と比べて双眼鏡率が非常に高いけれども（学会会場でスライドの字が小さいからと双眼鏡を取り出すのはいいとして、口径30ミリや40ミリのゴツい奴で、どうかするとスワロフスキーやツァイスだったりするのは鳥学会だけだ）、カラス屋の場合は街なかでも観察対象に出会うから、常に臨戦態勢を保つところが違う。つまり、首から下げっぱなしだ。見た目に怪しいことこの上ない。それでも声をかけてきたススキノと歌舞伎町の客引きには敬意を表する（双眼鏡だけでなく、片手にノート、背中にザックである）。

　海外でも同じだ。ブダペストではドナウ川沿いにズキンガラスを見つけて大喜びし、ニシコクマルガラスと対面して写真を撮りまくる。ヴィシェグラードでは「ワタリガラス」という名のレストランを見つけて飛び込む。ウィーンの王宮では芝生を歩くズキンガラスの行動を観察する。台湾では観光そっちのけで山に行き、念願のヤマムスメに出会って大歓喜。ただし換羽シーズンで尾羽が短かったのが悔やまれる。

　調査中はカラスを探しているので、どうしても行動の中心がカラスになる。八重山の離島で調査した時は、碧《あお》い海と白い砂の輝くビーチに何度も立っているが、一度たりとも海に入っていない。海岸でカラスを見ていただけだ。島人に「あんた何しに来たの」と笑われたこともある。

　知床にはワタリガラスを見るためだけに行った。双眼鏡にオオワシを捉えておきながら「くそ、ワシかよ」などと神をも恐れぬ罰《ばち》当たりな台詞《せりふ》を吐くのは、ワタリガラスを探すカラス屋だけだろう。普通なら天罰が下り、雷に打たれて即死するに違いない。

　次はニューカレドニアといきたいところだが、フィリピンやサハリンでのハシブトガラスの行動、さらにワタリガラスが異様に人懐っこいというアイスランドも気になるし、ミヤマガラスが繁殖している姿というのも、一度は見てみたい。エチオピアのセミエン高原で骨をつつくオオハシガラスの実物も見たい。

　夢は尽きないが金と命は尽きるな、きっと。

▲カラス観察ファッション

第三章

カラスの取り扱い説明書

それはゴミではありません

ビニール袋＋肉＝？

この章では、もっぱら「カラスとうまくつき合う方法」について書こうと思う。表題はカラスの取り扱い説明書、すなわち「トリセツ」だが、鳥類学的な説明でもあるので、「鳥説」としても良い。ひょっとすると横棒が一本足りない「烏説」かもしれない。

さて、カラスについて講義や講演で話す時、よく使う写真がある。10年ほど前に新宿でたまたま撮影したものだ。手前には山積みの生ゴミと、それに舞い降りた数羽のカラス。背景には仕事明けのホストらしいお兄さんたち。これをスクリーンに映して、もう1枚、オオカミの食べ残したシカを狙うワタリガラスと、その後ろのオオカミの写真を見せる。

「はい、この2枚の写真は生態学的に全く同じ光景です。大型動物の食べ残し。それを片付けるスカベンジャーつまりカラス。そして、後ろにいるのが肉食系です」

ウケなかった時は、速やかに次のスライドに行くのがコツである。

カラスはゴミ袋を見つけると、つついたり、引っ張ったりしてあっという間にビニールを切り裂いてしまう。研究によると手当たり次第ではなく、赤やオレンジ系の色が見えるところを狙うという。肉や果実の色だからだろう。ミカンの皮を外側に入れておくのは「ここを狙え」と教えるようなものだし、茶色のストッキングも狙っていたという。

カラスはビニール袋においしいものが入っている、という事を非常によく知っている。京都の公園で見かけたハシブトガラスはゴミ缶に止まり、中に頭を突っ込んでコンビニ袋をくわえて引っ張り上げ、足で踏んで落ちないように押さえておいてから、袋の中身を次々と引っ張り出して検分していた。ラップや紙くずなど、食えないものだと「ぺいっ！」と放り投げるので周囲をひどく散らかす。そこまで無闇に投げなくても、と思うくらい、力一杯捨てる。カラスにしてみれば食えないものは放り投げておかないと、混じったら面倒だという事かもしれない。我々は「燃えるゴミ」と「燃えないゴミ」に分けるが、カラスは「食えるゴミ」と「食えないゴミ」に分ける。正確に言えば「食えるもの」と「ゴミ」。人間にとっては全てゴミだが、カラスにとってはかなりな確率で餌である。

さて、カラスの餌について述べた時、カラスは雑食性であり、スカベンジャー（掃除屋）でもある、と書いた。つまり、カラスはもともと、死骸を見つければ喜んで食べる生き物である。そしてカラスがゴミ袋にくちばしを突っ込んで中身を引きずり出す姿は、動物の死骸から内臓を引っ張り出す行動と全く同じだ。そう、ゴミ袋とは「皮につつまれた肉」であり、それは要するに、死骸と同じなのだ。朝の道端はカラス視点では「うまそうな死骸がゴロゴロしている場所」であり、その横に人間がいるのは「オオカミの群れがたむろしている」状態そのものである。割り箸だの何だのが混じっているのは、小骨の多い魚を食べている気分だろう。つまり、カラスがゴミを漁る行動は、地面に転がっている死骸を漁るのと全く同じ、スカベンジャーとしてごく当たり前の行動である。彼らは「町に適応して」でも「山を追われて仕方なく」でもなく、「食い物があるからごくフツーに」ゴミを漁る。彼らの行動は、森林での生活をそのまま都市に持ち込んだものにすぎない。

知床でエゾシカの死骸に集まるハシブトガラスを観察してつくづく感じたのは、新宿のゴミ集積所に集まっている姿とほとんど同じだという事だった。まずは周辺に集まって「カア」「カア」と鳴き、枝に止まったまま状況を確認し、だんだん低いところに降りてきて、「行こっかな、でもやっぱりやめよっかな」と言わんばかりにピョンと降りてはまた枝に戻るのを繰り返す。しまいに我慢できなくなった1羽が近づき、おそるおそる肉の端っこをくわえて引っ張る。引っ張ってみてピョンと飛び下がり、危険がないかどうか確かめる。何事もなければ他の個体もわらわらと降りてきて回りを取り巻き、時々入れ代わりながら次々に食べ始める。急いで口いっぱいに肉を詰め込むと、少し離れた枝に止まって落ちついて食べるか、どこかへ隠しに行く。まるでゴミ漁りに特化しているかのようなハシブトガラスの行動は、動物の死骸を見つけて集まった時の行動そのものなのである。

さて、ここで少し、「なぜ、カラスが都市に多いのか」を生態学的に考えてみよう。鳥が生きてゆくには資源が必要である。まず餌が必要だし、繁殖するには営巣場所が必要だ。雛のために特別な餌がいる場合もあるし、ねぐらが必要な場合もある。隠れ場所として藪《やぶ》を好むものもあれば、よく茂った森林がいい、という鳥もいる。こういった資源が手に入ればその鳥はそこで暮らせる。なければ住めない。

なんだ単純じゃないか、と思われるだろうが、大都市で暮らしている鳥は、例外なく、なんらかの形で必要な資源を手に入れて（あるいは代替物を見つけて）暮らしている。例えばスズメは換気口やパイプを「樹洞《じゅどう》」扱いして営巣するようになり、セキレイは道路を「干上がった川床」であるかのように走り回る。ドバトは故郷の「岩山」に代えて建築物を住処とする。ハヤブサは高層ビルを「断崖」と見なして営巣し、カラスはゴミ袋を「死骸の山」として利用しているわけだ。

都市の生態系が森林のそれと異なるのは、生産者が非常に少ないという点である。本来ならば植物が光合成によって有機物を合成し、その植物を利用する動物が生息し、さらに動物を食べる動物が生息し、というように「その場で手に入る物質」を循環させながら成立しているのが生態系である。仮に小さな公園を基盤とする生態系があったと考えてみよう。花壇や植え込みがあり、樹木もあるだろうが、そこに暮らせる昆虫の数など、たかが知れているだろう。その昆虫を餌にする鳥も、そうたくさんは住めないだろう。秋には果実が実るかもしれないが、わずか数本の、しかも1年のごく一時期しか実をつけない木を当てにして暮らすわけにもいくまい。だから、公園にいる鳥はそれほど多くはない。

また、特定の環境がないと生えない植物は都市には育たない。公園に植えてもらえないような植物しか食べない昆虫も都市部には住めない。こうやって都市の生態系はどんどん分断化、単純化されてしまうので、一般に「都市の生態系は貧弱だ」と言われるわけである。

だが、現実にカラスの利用している餌は全く違う場所で栽培されたり、飼育されたり、漁獲されたりしたものから成る。それは人間の食品だ。これは流通、購買というステップを経て、人間以外は誰も利用できない状態で街にやって来る。そもそも産地が違うのだから、都市に存在する生態系ですらない。これがゴミになって街角に出された瞬間、突如としてこの物質が生態系に対してオープンになる。

つまり、都市というのは、基盤となる生態系がないのに食べ残しだけがポンポン出てくる、という奇妙な場所なのである。ここに、スカベンジャーにとってのみ異様に都合の良い世界が誕生する。路上にゴミを出すというのは、カラスに餌を与えているに等しいわけだ。東京にカラスだけがたくさんいる理由は、極めて単純に、カラスにとっては餌資源がものすごく豊富だから、という事に尽きる。

本来、ハシブトガラスはあまり低い木や目立つ場所には巣をかけない。それが渋谷の交差点だの、住宅街の電柱の上だのに堂々と巣をかけるのは、そこが極めて良い餌場で、しかも他に営巣場所がないからである。いってみれば「駅近、買い物便利、コンビニ至近」だがアパートは劣悪な物件が1軒しかない、しかし諦めるにはあまりに惜しい環境、というようなものだ。私の住んでるアパートの近くに毎年、ハシブトガラスが営巣しようとする場所があるのだが、ここは小さな神社があって木があり、隣に小さな公園もある。木が複数あるのは確かに悪くはない。だが、どちらも落葉樹で、樹高もちょっと足りない。人通りも少なくはない。だが、なぜここに巣を作ろうとするかと言えば、目の前がラーメン屋と居酒屋と喫茶店と中華料理屋で、加えて至近距離にガードの甘いゴミ集積所が3ヵ所あり、かつ他に適当な木が生えていないからに違いない。昨年は神社と公園の木に営巣したがどちらも撤去され、開き直ったかのように中華料理屋を見下ろす電柱のトランスの上に営巣を始めたが、これは完成しないうちに落とされた。今年は巣を見かけなかったが、どうやら線路の反対側、私が通らない側で営巣したようである。餌は食べに来ていた。つまり、その付近は絶対に諦めたくないほど、良い餌場だったという事になる（実際、例年2羽か3羽の雛を連れているから、繁殖成績は悪くない）。

ゴミ袋 カラスはこう見ている

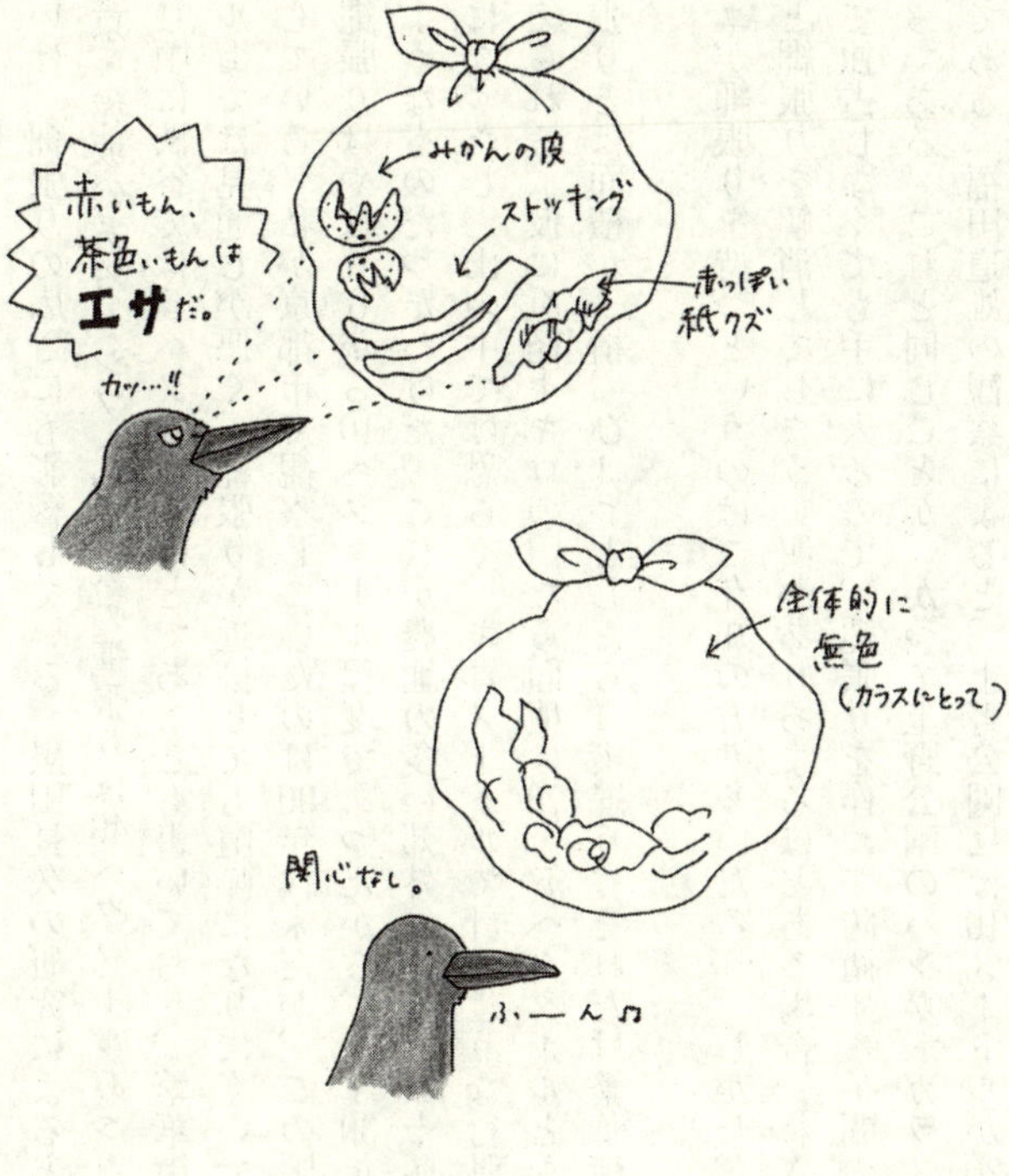

資源の量の違いは、縄張りの広さにも影響している。黒田長久の研究によると、1970年頃の東京・赤坂のあるハシブトガラスの縄張りは49ヘクタールあったという。しかし、同じ頃に渋谷では6ヘクタールほどであるとも書いており、繁華街は餌が多いこと、ビル街では見通しが悪く、縄張りが近接しても喧嘩になりにくいであろうことを理由としている。私が京都市で観察していたのは90年代末だが、この頃のハシブトガラスの縄張りはやはり6から10ヘクタール程度であったから、20〜30年前の東京都心と似たようなものだったわけだ。これが農地の多い郊外になると数十ヘクタールという単位になったし、山の中では恐らく、キロメートルで計るような行動圏を持っていると考えられる。仮に直径1キロの円なら面積は78・5ヘクタールとなるから、繁華街の縄張りとは面積が一桁《ひとけた》、ひょっとしたら二桁違う。それだけ繁華街には餌が多いわけだ。

ところで、アユが縄張りを持つというのはご存知の方も多いだろう。しかし、アユは餌が多すぎると縄張りを解消してしまう。餌がありあまるほどある場合、わざわざ他人を追い出して独占しなくても手に入るので、縄張りを作って防衛する手間のぶんだけ損になるからである。これと同じことが、かつて上野公園のハシブトガラスで起こっていたようである。福田道雄の観察によると、上野公園には10メートルか20メー

カラス不動産オススメ物件

渋谷の交差点、をひとり占め!!

・駅近!

・コンビニ近!

・ショッピングにも最適!

家賃
¥30,000-

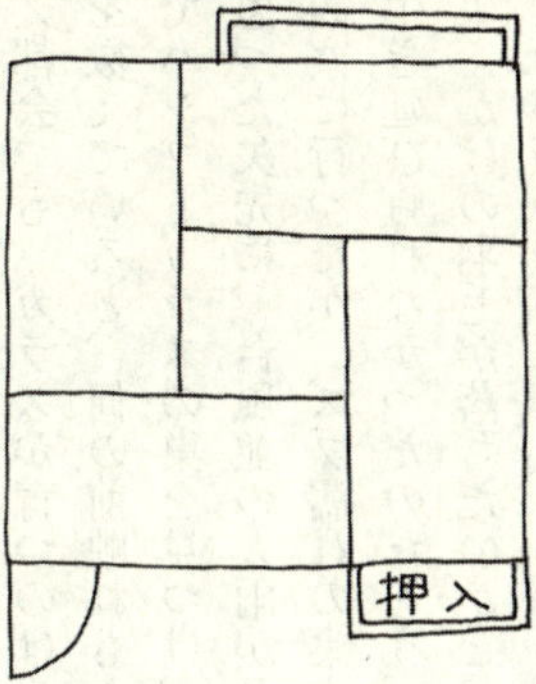

木造2階建/築年数 1年

敷金 ¥0　風呂・トイレ共同

礼金 ¥0

住所:東京都渋谷区交差点

トル置きにカラスの巣があり、巣の周囲だけは防衛しているけれども、餌場（公園周辺の繁華街）はもはや共用になっていたとの事である。つまり、当時の上野はそれほどカラス天国だったわけだ。現在はそこまでのゴミが出ない事、巣を撤去している事から、当時よりは落ちついている。

しかしながら、たとえ都会でも、カラスが育つのは決して楽ではない。給餌の時に巣から覗く雛の頭の数を数えていると、何の前触れもなく、1羽、2羽と減って行く事がある。大学の構内でハシブトガラスの巣を見つけ、無事に3羽が育ち、あと2〜3日で巣立ちだな、と思った矢先に、台風並の大雨が3日続いたことがあった。4日目、まだ雨の降る中を観察に行ったが、ズブ濡れの巣立ち雛1羽しか見つけられなかった。2羽はあの雨を生き延びられなかったのだろう。夏の終わり、巣の下に小さな風切羽を見つけ、おや生えかけの羽毛が落ちたのかと落ち葉の間から拾い上げたら、小さく華奢《きゃしゃ》な、干《ひ》涸《から》びた骨がついていたこともあった。巣から落ちたのか、一度も飛ぶことなく土に還って行く子ガラスも、少なくはないのだ。

独立しても生きてゆけるとは限らない。京都市の円山公園にはカラスの群れがいるが、その中に見るからに羽がボロボロで艶がなく、体が小さく、やたらに愛想良く餌をねだりに来るハシボソガラスがいた。人間に近付かないと餌が取れないし、人間の傍《そば》にいれば他のカラスが寄って来ないからだ。強い個体は後ろに控えていて、人間に不用意に近づくような危険は冒さない。その弱いカラスも最初は「背に腹は代えられず」死ぬ思いで人間に近づいたのだろうが、やってみたら意外と大丈夫だった、というわけだ。だから、彼はやたらと愛想よく、人を見るとだーっと走って来た。風切羽が傷みすぎてろくに飛べないからである。こういう弱そうな個体はしばしば風邪を引いていて、目を半ば閉じ、「きゅっ」とクシャミをしている事もあった。恐らく、少しでも条件が悪くなればこういう個体が真っ先に命を落とすのだろう。

餌資源が豊富なのになぜ？　と思われるだろうが、動物とは資源量の限界に達するまで増えるものだ。しかも限界に達して増加をやめるのではなく、生き残れない個体が増えて増殖と拮抗《きっこう》するまでは増える。さらに、ゴミの総量とカラスの満腹度合いは必ずしも一致しない。なぜならば、一度に食べられる個体数や回収されるまでの時間という制限があるからだ。食べ放題の店に例えるならば、料理は大量にあるがテーブルが狭くて一斉に手を伸ばせない、しかも閉店時間が早い。ゆえに競争が生じる。

第一章の「カラスの一生」でも書いたが、カラスが育つ過程にはいくつかの試練がある。巣立ち直後の十分に飛べない時期は事故にあいやすいし、独立して若者たちの中で生き延びてゆけるかどうかも問題だ。一般論として、鳥は初めての冬を越すのが難しいと言われている。寒い上に餌がなくなる時期を乗り切れる実力があるかどうかが問題なのだ。

これはカラスでも同じだと考えられる。カラスの捕殺のために罠《わな》をしかけると、明らかに秋から冬にかけて捕獲数が多く、しかも捕獲される個体の大半が若鳥だからである。成鳥は稀にしか捕れない。捕獲数の変化を細かく見ると、雛が独立する秋頃に一度増えて、厳寒期にまた増える。そして早春にもう一度増える。秋のピークは巣立ったものの十分に餌をとれない個体が、罠に入るからだ。春先のピークは繁殖個体の縄張り防衛が強化されて行き場のなくなった非繁殖個体が餌にあぶれ、罠に入るのだと考えられている。

もし、巣立った2羽の雛がそのまま生き延びるのであれば、翌年には繁殖ペアと同じだけのカラスが追加されてしまう。仮に2万羽のカラスがいて、その半分の1万羽が繁殖個体だとすると、翌年には3万羽になる計算だ。だが、別に捕殺を行わなかった頃でも、そんな勢いで増加しているようには見えなかった。

つまり、カラスは放っておいても、冬の間にかなりな数が死ぬ。それを見越しての「毎年2羽」という巣立ち雛数なのである。

ただ、東京でどれくらいの若鳥が死んでいるのかをきちんと調べた例はない。そもそも鳥の生存率というのは、調べるのが非常に難しいのである。例え足環やウィングタグで標識しても相手には羽があるのだから、標識個体がいなくなったからといって死んだとは言えない。どこか他の場所に行ってしまったかもしれないからだ。標識が脱落することもある。だから、個体群動態を推定するのは非常に難しい。

実は個体数そのものも、明確にわかっているわけではない。

「東京のカラスは何万羽」などと報道されるのは、ねぐら入りするカラスの数をカウントした結果である。ただ、東京のカラスのねぐらは1ヵ所ではないので、複数のね

ぐらでカウントして集計する事になる。でも数えられるんでしょ？　と言われると、それはそうなのだが、かなりの但《ただ》し書《が》きが必要となる。

第一に、ねぐらは常に固定したものではなく、ねぐら自体が移動する事があるから、これをきちんとフォローしてないと見落とすことがある。カラスがどのねぐらに入るかも、ガチガチに決まったものではない。少なくとも東京の場合はかなりルーズなようだ。そもそも、繁殖個体は集団ねぐらに戻らない例があるし、少数でコッソリ寝ている個体もいる。そういう「目立たずに寝ている個体」がどれくらい存在するのかは、まったくわからない。

また「東京の」カラスという言い方がクセモノだ。東京都という行政単位はカラスにとっては意味がないので、東京都内のねぐらにいるカラスが埼玉県や千葉県や神奈川県に行かないという保証はない。逆に、周囲のねぐらから都内に餌を食べに来るカラスも、いないという保証はない。東京都が行っている個体数調査は都内の主要なねぐらに絞ってカウントしており、それで大体の傾向を摑むのが目的だと理解はできるが、「数えていないねぐらがある」とか「ねぐらにも流行《はや》りすたりがある」という点は覚えておく必要がある。特に、調査したねぐらの数も場所も異なるような調査結果を比較する場合は注意が必要だ。

とまあ、こういった何段階もの但し書きを経て、一応、東京のカラスは1999年頃で3万羽くらい、2010年で2万羽を切るくらい、と発表されている。だが、すごい1万羽以上も減った！　と簡単に喜んではいけない。

東京都が行っている対策は3つある。一つは箱罠を用いての捕殺だ。もう一つが巣の撤去。本来、鳥類の卵や雛は厳重に保護されているが、東京都の条例ではカラス対策として卵、雛がいる場合でも巣を撤去する事が許可されている。そして3つ目がゴミ収集場所の改良やカラス避けの貸出、収集方法の見直しなどのゴミ対策だ。このうち、一番有名なのは捕殺である。「なんとかしろ」と言われた時に一番直接的で「対策しました！」と言えそうなのは捕殺だし、話題性という点でも大きく取り上げられやすいからだろう。だが、実は捕殺の効果はよくわかっていない。

先に書いたように、放っておいても結構な数の若いカラスは死ぬわけである。そして、あからさまにアヤシゲな罠に入ってくるのは、最も飢えた個体、つまり「イチかバチかの賭けに出ないと明日は死んでいる」ような奴だ。1羽が罠に入って餌を食っているのを見て「わーい、僕も僕も」と入って来るような阿呆も、多分、長生きできない。十分に餌がとれており、かつ用心深い個体は後ろで黙って見ているからである。つまり、放っておいても春までに死ぬような奴を捕殺してしまっている可能性が非常に高い。たとえ数日でも早く死ねばそのぶんゴミ荒らしは減るじゃないですか、と言われれば、それはまあそうなのだが。

しかし、個体数抑制という意味で言えば、東京のカラスは捕っても捕っても減らないのである。例えば2001年の「東京のカラス個体数」は3万6400羽だと東京都は発表している。2002年から捕殺が始まり、この年には約1万2000羽を捕殺した。つまり、春には2万4400羽になっている計算になる。ところが2002年の個体数は3万5000羽、つまり1400羽の減少にしかなっていない。個体数調査はおそらく冬季で、捕殺が増えるのも秋から冬なのだが、2002年の調査時はまだ全然獲れなくて多いままで、調査後にドカンと1万羽獲れた……というわけでもあるまい。

3万6400羽が3万5000羽になった、というのは飛んでゆくカラスの一団を見て100羽だ、いや97羽だと議論するようなものだが、それを抜きにしても、捕殺数を埋め合わせる1万羽余はどこから来たのか。カラスの生活史を考えると、若い個体を減らしても親が残っていればすぐ補充され、それではと親を殺せば今度は縄張りを探している若いカップルが入ってくるから、そう簡単には減らないだろうという想像はできる。とにかく毎年それだけ増えているなら、減らすためにはものすごい数を

▲住民票を移すことはしないらしい

捕殺し続けないと効果がない事になる。実際、東京都における累積捕殺数は既に10万羽を超えている。

捕殺数に対して増減が全く安定していないのも気になる。そもそも増減の判断基準となる個体数推定に曖昧な部分があるが、捕殺数に近い数が減った年もあれば、むしろ増えた年もある。年間に1万羽以上も捕っているのだが、効果がよくわからない。

せめて繁殖個体数や生まれる雛数の見当がつけば少しは増減の検討もできるだろうが、東京におけるカラスの繁殖個体数や密度はほとんど調査されていない。松田・黒沢らの研究から、まあ数ヘクタールから10ヘクタールくらいの縄張りで東京は埋め尽くされているのかな、と推測はできる。しかし、これだけではかなり粗い推定にならざるを得ない。

なお、同じ研究によると東京でのハシブトガラスの平均巣立ち雛数は、だいたい2羽である。意外にもごく普通だ。ただ、調査した巣の約半数が撤去されており、これも勘案すると、平均巣立ち雛数は1羽となる、とのことである。

ところで、「カラスによる被害」が最も多かったのは2000年代初頭である。マスコミが大きく取り上げた「旬《しゅん》」の時期でもあったからだ。マスコミで報道されると

「そういえば自分も」と通報する人が増えるし、「マスコミが取り上げるくらいだから」と重大視するようになる。また、大体は自治体の担当者などにインタビューしているので、「役所に言えば何とかしてくれるのか」と電話してくる人が増える、という仕組みである。その後、報道の沈静化と共にカラス被害の報告は減っているが、実際の状況がどう変わったかは、よくわかっていない。ただ、巣の撤去と捕殺はずっと続いている。

カラス避けの効果

採餌効率と環境収容力

さて、前項では「餌が非常に豊富なので、カラスもたくさんいる」という事を説明した。ならば、資源量そのものを減らせば、住むことのできるカラスの数は減るはずだ。ある場所にどれだけの個体数が住めるか、その場の資源は何個体ぶんか、という指標を「環境収容力」というが、東京はカラスに対してものすごく環境収容力が大きいわけなので、(カラスを減らしたいなら)環境収容力を下げてしまおう、というのがゴミ対策である。殺しても殺してもカラスは生まれるか流入してしまうのだから、餌条件の悪い場所にしてやれば繁殖しにくくなり、広い縄張りが必要になって繁殖密度が下がり、他所からの流入も減るであろう、と推測できる。これだと毎年何億円もかけてカラスを捕殺する必要もない。

だが、ゴミを無くすのは無理だし、減らすのも簡単ではない。序文に書いたように、我々は日々、せっせと食事をしなければ生きてゆけない。東京では、1000万人を超える人口の胃袋を支えた結果、必ず生ゴミが発生する。したがって、カラス避けを行ってゴミを荒らされないようにする、というのが現実的である。

東京都はゴミ問題もカラス対策として位置づけており、自治体がネットの貸し出しやゴミ集積所の改良を行っている場合がある。一般に、対策の普及率は住宅地の方が圧倒的に上だ。住宅の場合、散らかされて困るのはゴミを出す本人なので、すぐにカラス対策をとる。効果が薄ければ改善される。

一方、繁華街でカラスがゴミを漁っている頃、飲食店のスタッフはそこにはいない。出勤する頃には清掃されている。だから住居と店舗が一緒になった駅前商店街みたいなところでなければ、直接には不利益を被《こうむ》らない。もちろん地域の要望や行政の対策という形では行われるわけだが(聞いた話では、店長ではなく経営者を訪ねて涙ながらに訴えると対策してくれる場合が多いとか)。

私はホームセンターが何となく好きで、用もなく覗いてしまう事があるのだが、入口付近の園芸関係のグッズに混じって必ずあるのが「カラス避け」である。『カラスニゲール』とか『ブラサガラス』とか凝《こ》った（？）商品名のものが多い。基本は、カラスっぽいモノをぶら下げて怖がらせるとか、光モノで追い払う、中には磁気パワーで追い払うと謳《うた》っているものもある。ああいったグッズは効くのだろうか？

一言で言えば、あまり効かない。最初は用心するのだが、すぐに慣れてしまうからである。特に、「いつもそこにあって、自分の行動に一切反応しないもの」は恐るるに足らず、とすぐ覚えてしまう。だからといってカラスが接近すると動くロボット的な物を設置するのはあまりにめんどくさい。強《し》いて言えば、時々カラス避けを交換して慣れさせないようにするくらいしかない。この辺はもう、「ふふふ、ここで秘密兵器投入！」という感じで、半分くらい遊ぶ気でやらないと胃を悪くする。何せ、カラスの方は命がけなので、簡単には追い払えないのだ。

なお、家庭菜園であれば、防鳥テープやカカシのようなものでも守れる可能性がある。というのは、カラスは作物が熟して食べごろになってから手を出すからである。トマトでもスイカでもそうだ。そして、あちらの方が早起きなので、「よし、今日は収穫だぞー」という日の明け方に来て食っていたりする（だから余計に嫌われる）。これを逆に利用して、収穫予定の1日か2日前にカラス避けをセットするのはどうだろう。カラスが警戒している数日の間に収穫してしまう、という手はアリだ。

逆に、どうやら効果がないのが磁力を使ったものである。謳い文句としては「鳥は磁気感覚を使って渡りを行うので、強力な磁石で磁場を狂わせると鳥が嫌がって近づかない」というものである。確かに、渡り鳥が磁気感覚を持っていることは知られている。だが、それは曇天で空が見えない時に使う補助手段なのだ。普段は太陽や星を見て天測航法で飛んでいる。第一、これは渡りではなく、すぐそこにあって見えている餌を取りに行くか行かないか、という話だ。餌に近づけないほど鳥を気持ち悪くさせる磁気異常、というのは想像がつかない。

10年ほど前に鳥害研（現・中央農研）で行われた実験がある。餌台に磁石を仕込み、ハトの集まり方を見たというものだ。磁石はハトからは見えない位置にある。その結果、ハトの数と磁石の有無には関係がなかったという。もし「磁石の力を応用した」製品に効果があるとしても、それは磁石ではなく「カカシ」としての効果という事になるだろう。

最近よく見かける黄色いゴミ袋がある。「カラスって黄色が嫌いなんですよね」と聞かれることもある。恐らく、カラス研究者が開発に関わったゴミ袋が黄色である事から生じた誤解だろう。

　このゴミ袋は半透明で薄い黄色だが、鳥類の目には不透明な黄色に見えることを利用していると伺《うかが》ったことがある。鳥の目には原色を増強する機能があり、人間には薄黄色でも鳥には非常に鮮やかな黄色に見えるのだ（註）。

　つまり、カラスにとってはドぎつい黄色で、中が見えない袋なのである。カラスは視覚で餌を探すから、確実に餌があるとわかる方に行く。問題は「中が見えるかどうか」であって、黄色である必要は別にない（しかし、薄い赤は危険物用に使われている事が多いから、黄色だと都合がよい）。このゴミ袋の画期的な所はカラスの目にだけ不透明という点で、人間にとっては半透明なので回収作業が安全に行えるわけだ。

だが、不透明黒のゴミ袋が一般的だった時代をご存知の方は、ちょっと当時を思い出してほしい。中が見えないからといってカラスが手加減しただろうか？　「どのゴミ袋にご馳走があるかわからない」状態になれば、恐らくカラスは全てのゴミ袋を手当たり次第に破る。つまり、普及してしまったら効果は減るだろうと考えている。

なお、ホームセンターで「カラスの嫌いな黄色いネット」という商品を見たこともある。別に黄色が嫌いなわけではない上、ネットでは網目から中身が見えてしまうので、完全に無意味なはずだ（ただしこの商品は同時に「くちばしを差し込めない細かい網目」「チェーン編み込みで持ち上げ防止」も謳っており、むしろこちらに立派な

意味がある）。

さらに、カラスに限らず鳥類一般に嗅覚が極めて鈍いので、特定の臭いで追い払うような方法も無理だろう。カラスが感じるくらい強烈な臭いなら人間も近づけまい。人間には感じないがカラスには効く、というような物質も見つかっていない。

こう書いてくると「追い払うのは無理、カラスが嫌いな色もない」とナイナイ尽くしである。そう、カラス相手に特効薬はない。先にも書いたが向こうは命がけなので、そういう相手を「これ一つでお手軽に」追い払おうというのは虫が良すぎるというものである。

今のところ、最も確実な方法は「物理的に、カラスがゴミに触《さわ》れない状態にする」というものだ。触れないのなら、何羽集まろうが、「お腹へったよぉ」とカアカア鳴いていようが、ゴミを散らかすという被害は出ない。

さて、この方法にはいくつかある。簡単なのはネットを被せる方法である。次がゴミバケツ、そして大掛かりだが完全に覆われたゴミ置き場という事になるだろう。

ネットをかけるのはかなり昔から普及している。従来はゴルフネットなどの流用だったが、今は網目が細かく、裾《すそ》に錘《おもり》を編みこんだ専用品もある。網目が大きいとくちばしを突っ込まれるし、軽いと引っ張って動かしてしまうからだ。中には2羽がかりで、1羽がネットを持ち上げて1羽が引っ張り出した例もあるそうだが、これは別に協力したわけではなく、1羽が「えいっ」と持ち上げた途端、もう1羽が横から餌を分捕ったのだろう。餌を取っているカラスにはおおよそ、協力態勢とか義務感というものが感じられないからである。

ネットはなかなか手軽な方法なのだが、手軽なだけに扱いが雑だと効果がない。私が住んでいるアパートの周囲はゴミの出し方が非常に多様なのだが、ゴミネットできちんと効果を上げているアパートもあれば、ゴミネットがあるのに食われ放題なアパートもある。食われている理由は簡単、ネットがちゃんとかかっていないからだ。そして、その理由は大抵の場合、ネットに対してゴミが多すぎてはみ出しているからである。あるいは、ゴミを出しに来た人がきちんと被せて行かない。確かに朝の忙しい時に、他人の出した生ゴミ袋をちゃんと積み上げてネットをきちんと被せて重石《おもし》をのせて……なんてやりたくない気持ちはわからなくはない。甚《はなは》だしい場合は、ネットの大きさが足りないのでむき出しでゴミ袋が置いてある。

ゴミバケツを使うのはアパートより一戸建てのやり方だ。実は東京都ではゴミバケツの利用を推奨している。ただ、置き場所も洗う場所も手間も馬鹿にならないので、困難な場合はビニール袋で出してもいいですよ、という事らしい。別にゴミ袋むき出しがデフォルトではないわけだ。

ゴミバケツはちゃんと機能している限り、効果的である。蓋を閉められてしまったら、カラスがこれを開けるのは非常に難しいからだ。蓋の取っ手に止まったまま、自分ごと蓋を回転させなくてはならない。

ただ、ゴミバケツが並んでいる場合は別だ。隣のバケツを無闇につついている間に蓋が回って、開いてしまう事はある。また、ポリバケツは紫外線で劣化するから、蓋を固定する部分が割れる事もある。その結果、カラスにとって多少は漁りやすくなる場合もあるだろうが、むき出しよりは効果があるだろう。ただし蓋がちゃんと閉まっていないと中身を引っ張り出そうとするのでご用心。こういう時のカラスの根気強さは呆れるほどだ。

そして、ゴミ集積所そのものの構造である。サルやクマの出る田舎に行けば、ゴミ集積場は頑丈なスチールと金網で小屋状に組まれ、動物には手出しできないのが普通だ。そこまで頑丈でなくとも、ちょっとした金網やフェンス程度のものでカラスは十分に止められる。だから、アパートの共用部に囲い付きのゴミ置き場を作っておけ

ゴミ袋にきちんとネットを
かぶせることが、カラスにゴミを
散らかさせない有効な
方法だよ。

ぼくたちにとって、とても親切な
ゴミ集積所。
みなさんもおいしいお店を見つけたら
何度も行くでしょ。
ぼくたちも同じで、
こんなステキな
場所があったら
何度も通うよ。

ば、それでほぼ問題は解決する。私の住んでいるアパートがこのタイプで、この5年間にカラスによる食い荒らしを見たのは1度か2度、フェンスの隙間から無理にくちばしを突っ込んで引きずり出したと思われる例であった。これはゴミ集積所の奥の方にゴミを寄せておけば回避できる（普段はそうなっているが、たまにゴミが多い日があるのだ）。近所では風呂の蓋や網戸で即席の囲いを付けた集積所もあった。

ただし、これは専用のゴミ置き場がある場合の話だ。路上に置く場合、そこにさらに金網でガードを組み立てるわけにはいかない。土地に余裕のない都会では特にそうだ。

品川《しながわ》区などでは折畳み式の回収ボックス

を装備した所がある。普段はガードレールに沿って畳まれているので、歩道にあっても場所を取りにくい。ただ、どうしてもモノ自体と設置に金がかかるので、全ての場所に配置するわけにはいかなかったようだ。結局、「どこまで手間と金をかけるか」という問題になる。

とはいえ、カラスを完全に遮断《しゃだん》できなくても、彼らは効率の悪くなった採餌場所は見捨てる。一方、少しでも他より狙いやすい場所は餌場として使おうとする。だから、対策が完全でなくても荒らされない場所もあれば、障害をはねのけてでも荒らされる場所もある。カラス避けの効果は常に「他の餌場と比べて良いか、悪いか」という点で考えるべきだ。逆に言えば、一度対策をして追い払ったとしても、周囲の対策が万全になれば再び狙われる可能性もなくはない。

さて、「餌を遮断する」という方法の効果が観察された例を紹介しよう。

私が大学院生の頃、実家からバス停までの間にいつもハシブトガラスに荒らされているゴミ集積所があったのだが、ここがとうとうネットをかけるようになった。途端、そのカラスは別のゴミ集積所を集中的に狙うようになった。ところがネットが効くという口コミが広がったのか、この集積所もネットをかけてしまった。翌年、カラスは、ネットかけの普及した地域を見捨て、北側に行動圏を広げた（その辺りにいたハシボソガラスと喧嘩してまで）。ところがこの新天地でもネットかけが始まると、さらに北へ、そして西へ、とネットから逃げるように行動圏をずらし続けた。しかも、その間は巣立ち雛数が少ない傾向があった。どうやら、ネットかけによって餌を封じられるのは、カラスにとって非常に困った事態であるらしい。

データを取って論文にまとめたのはここまでなのだが（データを取ったというか、5年間、行き帰りにカラスを見かけるたびに記録していただけなのだが）、実はこの後、カラスは行動圏を大きく広げて、それまで放浪したエリア全てを囲い込む縄張りを作った。そして、あっちで一口、こっちで一口と、その日のガードの甘いゴミ集積所や、回収時にこぼれたゴミを狙うようになった。これはつまり、「資源量の減少によって広い縄張りを持つようになった」という事である。このペアの縄張りが広がったぶん、周囲にいたハシブトガラスは遠くへ追いやられている。つまり「環境収容力が減ったのでカラスが減った」というわけだ。

さらに、繁殖ペア数が減ると巣の数が減る。すなわち通行人の頭を蹴飛ばす可能性のあるカラスが減る（攻撃については次項で説明する）。そして繁殖ペア数が減り、巣立ち雛数も減ればカラスの増加率が小さくなる。おそらく、最も穏便に、かつ長期

的に、カラスの数を抑制し続ける方法は「カラスにゴミを触らせない」事であろう。
　ゴミを触らせない方法には、さらにゴミ収集のルールを変えるという手もある。例えば、東京と並ぶ大都市である大阪にはカラスが少ない。以前と比べて増えている気もするけれども、全般的に東京と比べれば圧倒的にカラスが少ないと感じる。大阪は緑地が少ないとか、アーケードが多いとかも理由だとは思うのだが、ゴミ収集の早さも理由だろう。道頓堀《どうとんぼり》あたりで観察していると、午前3時過ぎにはものすごい勢いで契約業者の回収車がやって来て、疾風《はやて》のごとくゴミをかっさらって行く。午前3時といえば、いかにカラスといえどもまだ

行動を始めていない。カラスが起き出す時間には大半のゴミが消えうせている。残ってはいるが、大量のカラスを呼び寄せるほど魅力ある餌場ではないのだろう。

これが東京だと、7時くらいから回収が始まり、8時でもまだトラックが動いている。その間、カラスのお食事タイムが続くのだ。新宿で早朝回収を実験的に実施した事があったのだが、早朝とは言ってもカラスの機先を制するにはあまりにも遅すぎ、大して効果はなかったようである。相手は夜明け前から起きているのだ。銀座では夜間回収が行われたことがあり、これは「その場所では」絶大な効果があったそうだが、街区の一部で実施したのみだったため、銀座全体としてはあまり効果が感じられなかったとの事である。

こういった取り組みが進まないのは、飲食店の終業時間との関連（もし朝まで営業していればゴミ回収に間に合わず、翌日まで持ち越しになってしまう）、早朝から夜間に回収することによる騒音、そして業者や清掃局員が深夜勤務になってしまう、という欠点があるからだ。

夜間回収は「カラスとゴミの存在時間をずらす」という方法だった。もう一つ、「餌を漁る時間を与えない」という方法もある。ゴミ収集車が来るまで、ゴミを路上に出してはいけない、という方式だ。札幌がこれである。

この方法では、ゴミはビルの一角などに保管されている。そして収集車が来る時間になると管理人が保管場所を開け、道路にゴミを出し始める。うまくすると、ゴミが晒《さら》されている時間は数分しかない。この方式の導入直後に札幌を訪れた時は、確かにゴミを漁っているカラスをほとんど見なかった。それでも荒らしていた一例はちゃんと管理していない場合で、もう一例は管理人がゴミ袋を取りにビル内に戻っているほんの1分ほどの間にゴミをつつきに来たという強者《つわもの》であった。この方法もなかなか良いが、管理人を常駐させなくてはいけないし、ゴミをストックするスペースも必要だ。

なお、これを一般家庭に取り入れている

のを見たこともある。台湾の瑞芳《ユイファン》という町を日暮れ頃に歩いていたところ、音楽を流しながら大きなトラックがやって来て、街角に止まった。途端、周囲のアパートやら家屋やらビルやら、いろんな所から、ワラワラ！　と人が走り出てきて、手にしたゴミ袋をトラックにポイポイと投げ込み始めた。そして、この突然の玉入れみたいな騒ぎが収まると、トラックはまた音楽を流しながら走って行った。どうやら、町の各所に止まってゴミを回収するシステムであったらしい。ただし、台湾では町なかにカラスがいないので、効果のほどはよくわからない。日本と同様の回収方式をとっている台北の繁華街でも、やっぱりカラスはいないからである。

ここで、諸外国のゴミ事情をちょっと紹介しておこう。

アメリカではディスポーザーが普及しており、生ゴミを家庭で粉砕して下水に流してしまうから、そもそもカラスが漁るようなものがあまり出ないらしい。また、ゴミは街角のダンプスターと呼ばれる巨大な鉄製のゴミ箱に捨てられる場合が多く、これはカラスが開けて漁れるようなものではない。蓋が大きくて重たいからである。人間が立ったまま入れそうなサイズのものもある。

ヨーロッパでも家庭用のゴミ捨て場としては、大きなダンプスターが歩道に設置されている例が多いようだ。なかなか良い方法なのだが、歩道が狭く道路も狭い日本では設置場所に困るだろう。もとより、高温多湿な日本で生ゴミを貯めておくと、いささか近寄りがたい場所になってしまう。

音楽の都・ウィーンの王宮の庭にもカラス（ズキンガラス）がいて、ゴミ収集車の音を聞くとすっ飛んで行ってこぼれたゴミを拾っていたから、カラスが街なかでゴミを漁るのが必ずしも日本の特殊事情というわけではない。しかし、日本ほど目立ってはいない。文化の坩堝《るつぼ》（あるいはサラダボウル）、アメリカの事情を向こうの研究者に聞いたところ、最初は「ゴミが路上に放置されていたりはしないから、カラスが来るなんて見たことがない」と言われたのだが、「じゃあダウンタウンは？　田舎のハンバーガーショップは？」と聞いてゆくと「確かに下町のゴチャゴチャしたところや、路上にゴミを置いているような場所で、近くに公園があればカラスもいるな」という話になった事がある。

こういった気候風土や文化の違いも、ゴミ事情、果てはカラス事情に影響しているのだろうと考えている。

さて、前にも書いたようにハシブトガラスがこれほど身近にいるのは日本だけだが、いつから東京にいるのだろう？

江戸時代に書かれた武江《ぶこう》産物志（武蔵国《むさしのくに》と江戸の産品や風土を記した報告書）を見ると「慈鳥（カラスのこと）御蔵に多し　さとからす、山からすあり」と書かれている。さとからす、山からすは恐らく、ハシボソガラスとハシブトガラスのことだ。どうやら2種とも普通に見られたらしい。シーボルトも「江戸はカラスの町である」「朝はカラスの声で起こされる」と日記に書いていたという。

幕末から明治にかけて日本を訪れた外国人もカラスについて書き残しており、モースは「日本その日その日」の中で「カラスは街頭掃除人」と的確に評した。さらに「人力車を降りて外套《がいとう》を着ていたら、1羽のカラスがやって来て人力車の提灯《ちょうちん》を破って蠟燭を食べ始めた」という観察例も書いている。モースはこの不思議な光景を見るためなら100本の蠟燭を買っても惜しくないと記すと共に、カラスが人を恐れないこと、車夫がカラスを追い払わないことも特記している。明治時代に日本を訪れたハワイのカラカウア王の随行員であったアームストロングは、東京の徳川家菩提所《ぼだいしょ》が森林のようであり、そこで「翼の大きなワタリガラスを見た」と書いている。これはハシブトガラスだろう（アームストロングはハワイ生まれのアメリカ人なので、ハシブトガラスを見たことがなかったはずだ）。他にも「東京は朝からカラスが鳴いてうるさい」と書いているイギリス人もいる。

江戸はかつて「東路の果て」であり、草深い武蔵野の一部だったはずだ。当然、ハシブトガラスもここに住んでいただろう。その地が開拓され、やがて人口100万人と言われる大都市となり、明治維新によって東京と名を変えても、カラスは「カア」と鳴きながら人間と一緒に暮らしていたとみえる。周囲の山地や森林との連接性が保たれていたこと、各所に社寺林など大きな緑地が残っていたことは、カラスの生存を助ける理由であったと思う（江戸は大都市ではあったが、当時の市中は山手線内よりも狭く、その周囲は田園地帯である。渋谷は明治時代後半まで渋谷村だし、根岸《ねぎし》はウグイスの鳴く郊外だ）。もし、都市および周辺の森林が徹底して伐採されていれば、

ハシブトガラスは人里から逃げ出していたはずだ。

また、モースは日本が鳥の豊富な国であり、人との距離が非常に近いとも書いている。「農家の庭先にコウノトリやツルが当たり前のように舞い降りる」「誰もこれを獲ろうとしない」といった記述が見られるのだ。鳥類を食用にしたとはいえ、宗教的な禁忌から殺生《せっしょう》を避ける傾向があったこと、江戸時代には鉄砲が厳重に取り締まられて、特に江戸周辺では銃猟がご法度《はっと》であったこと、将軍家お狩り場のような一種の保護区があったことなども、鳥と人間との距離を縮めていたかもしれない。

古い図鑑を見ると戦前の東京にはハシボソガラスの方が多かったようにも読めるが、戦後、徹底した都市化・高層化と共にハシブトガラスが増えた。夢の島がゴミ埋立地であった頃には、大量のユリカモメと共に、カラスもゴミを漁りに集まっていたという。夢の島での埋め立てが終わった頃から、東京都内でハシブトガラスがゴミを荒らすという問題が取り上げられるようになっている。このカラスたちが夢の島から来たとは言えないけれども、過去数百年にわたって人間の近くで採餌することに馴染んでいたハシブトガラスだからこそ、都心に入り込むこともできたという事かもしれない。

とまあ、それらしい事を書いてみたが、これは仮説にもなっていない想像にすぎない。

いので、ちゃんと考えるためにはソウルや北京の歴史くらいは調べなくてはならないだろう。

（註）紫外線反射の抑制もこのゴミ袋の機能である。鳥には紫外線が見えるので、紫外線反射をカットしてしまうと、カラスの目にはゴミ袋に入った餌が何か違う色に見えるはずだ。

頭を蹴られないために

初級カラス語会話

下鴨神社、初夏。参道沿いのどこかにハシブトガラスの雛がいるはずだ。巣とは違う場所から「グアー」という声が聞こえたから、巣立っているはずなのだが。そう、声はあの辺から聞こえる。餌をねだる「グワワワ、グワワワ」という声がする。鳴き声の最後が「アワアワアワ」になったのは開いた口の中に餌を突っ込まれたからだ。ということは、親鳥もいる。

その角度を見つけたのは、本当に偶然というか僥倖《ぎょうこう》だった。私からカラスまでの距離は30メートルくらいだが、間に何本もの木があって葉が茂っていた。しかし、まさにその位置、その高さ、その角度で双眼鏡を向けると、この木の枝の隙間、次の木の葉っぱの間、その次の木の隙間、と3つくらいの間隙《かんげき》を縫って、奇跡的に子ガラスと親が止まる枝が見えたのだ。まるでゴルゴ13の狙撃のようだ。確かに雛がいる。しかも2羽。

その時、親鳥がヒョイと首をかしげた。ぐりんと首を曲げて、じーっとこちらを見た。そして、カラスと目が合った。ということは、同じ間隙を縫ってカラスは私を見たわけだ。途端、ハシブトガラスが物凄い勢いで威嚇を始めた。あまつさえ雌まで来てしまった。2羽で私の前後に陣取って、低い枝に止まっている。あー、ガラガラ言い出した。しかも枝を叩いてる。こりゃ相当怒ってるな。そこまで怒られることはしていないのだが、隠していたつもりの子供が見つかったのが気に入らなかったのだろう。

こいつらの縄張りは20メートル先の、参道と横道の交差点まで。参道をまっすぐ歩けば一瞬。だが2羽のカラスに交互に目を配りながら、スキを見せずに後ずさりするにはちょいと長く感じる。しかも、1羽がこちらの進みたい方向に立ちふさがっている。君たちは飛べるからいいけど、人間は参道しか歩いちゃいけないんだってば。そいつをじっと見つめて圧力をかけつつ、もう1羽にもチラチラと目を向けてスキを作らないように……。

かくして、刺客を遠ざける二刀流の遣い手よろしく2羽のカラスを一人で牽制して、なんとか縄張りを抜け出した。ハシブトガラスたちは2羽で勝どきをあげている。ふぅ、このハシブト夫婦は怒りっぽくて気を遣うなあ。

カラスというと、「怖い」「襲ってくる」というイメージが非常に強いようだ。だが、「何もしていないのに急に」襲ってくる、という例は滅多にない。本当に身体的接触を伴う「攻撃」も滅多にない。その攻撃によって怪我をする事もあまりない。慌てて転ぶ方が危険だ。まず、カラスが人間に敵対的な態度を取るのは雛を守る時だけである、という点は忘れないで頂きたい。

採餌の邪魔をされれば機嫌の悪い声くらいは出すかもしれないが、襲ってくることはない。カラスから見ると人間はとても大きくて怖い存在なのだ。

カラスは巣や雛を見る視線に非常に敏感である。野生動物の世界にはバードウォッチャーとか研究者とかいうおかしな奴はいないので、巣をジロジロ見る者は「巣を狙っている敵」と見なして差し支えないからである。まして巣立ち雛の方を見ていたり、巣立ち雛の近くにいたりすれば、確実に「我が子に迫る危険」と認定される。

カラスに「襲われた」例として一番多いのは、巣立ち雛が低い枝や地面にいる時だ。巣立ち直後の雛は羽ばたくことはできるが飛べない（落下に時間がかかるだけで最初より高いところへ行けない）ので、ジタバタしているうちにだんだん低い所に来る。森の中であれば途中に多くの枝があるので、どこかにしがみついて止まるだろうが、街路樹のように孤立した木だと止まりきれず、地面まで落ちてしまう事も多くなる。そうすると、親鳥は雛を守ろうとしてその付近に留まり、近づく相手を片っ端から威嚇して「ウチの子に近づくな」と警告を始める。

渋谷で実際にあった例では、カラスが歩道橋の隣の街路樹に巣をかけてしまい、巣の高さと歩道橋の高さがほぼ同じになってしまった、という悲劇がある。歩道橋を通る人は全く巣に気付いていないのだが、カラスにしてみると「わざわざ階段を登って巣を見に来る奴がたくさんいる」という事になるらしい。それでも通るだけならまだいいのだが、全く偶然にも巣を背景に記念写真を撮った人がいたためにカラスがブチ切れ、その人たちのみならず数分にわたって通行人を威嚇したという事があったそうだ。「もう勘弁ならん、どいつもこいつも出け行けー！」という事だろう。

ということで、カラスによる攻撃が発生するのは巣立ちの季節、５月から６月に集中する。被害報告の統計でもそうなっている。

ところで、カラスによる威嚇、攻撃の手順はどんなものだろうか。これを知っていると、カラスが「急に」襲ってくる、という印象はなくなるはずである。

まず、カラスは音声によって威嚇を行う。普段からカアカア鳴いていて区別できないと言われそうだが、普段が「カア、カア」だとすれば「カアカアカアカア！」くらい激しくなる。繰り返しの早い連続した鳴き方で、一声ずつも大きな声だ。ただ、この段階でビビる必要はない。あなたに対してではなく、その辺を通りかかったカラスに向かって鳴いている場合が大半だからである。

しかし、明らかに自分の方を向いて鳴いているとか、後をついて来るとか、低いところまで来るとか、そういう場合は目をつけられている、つまり「そこのお前だよ、お前」と名指しされている状態だ。しゃがれ声で「ガラララ……」と言い出したら、かなり怒っている。時には「コラー！」と聞こえる声で鳴くこともある（余談だが、シジュウカラの威嚇声は「アッチーケ」、すなわち「あっち行け」と聞こえる気がする）。

鳴いても効果がない場合、カラスはとまった枝をくちばしで叩き始める。人間でいえば貧乏ゆすりとか、イライラして机を指で叩くとか、そういう感じだ。その辺の枝や葉をちぎって落とすこともある。意訳すれば「さっさとどけゆーとるやろが、聞こえんのかボケ」といったところ。なお、小枝などを落とすのは人間を狙って「爆撃した」と書かれていたりするが、単にイライラして投げているだけで、当たったとしたら偶然である。以前見かけたハシボソガラスはカヤの小枝を折り取り、全ての葉をむしって捨て、残った小枝を1本ずつ端から丁寧に折って投げ、最後に残った幹の部分をきれいに3つに折って落としていた。相当に苛立《いらだ》っていることはよくわかったが、そこまで几帳面《きちようめん》にイライラしなくてもいいような気がした。

これでもまた人間が気付かない、あるいは「あらカラスがいるわ気持ち悪い」などとボンヤリしている場合、カラスはさらなる威嚇を開始する。頭をかすめるように飛ぶのである。ただし、基本的に怖がりなので、人間に正面から向かって行くことはない。必ず後ろから、それも最初はちょっと間合いを取って飛ぶ。空手で言えば寸止め、あるいはシャドーボクシングというわけだ。場合によって翼の先がかすめるかもしれないが、わざとぶつけているわけではないだろう。

残念ながら、人間が気付くのはだいたい、このレベルからである。そして、当たったかどうかに関らず「攻撃」と呼ばれてしまう。だから「いきなり攻撃された」と言われるのだ。

ここまで来ればさすがに気付かないという事はないだろうが、「え？　え？　なんで？」などとぼんやりしていると「まだわからんのかコラー！」と本当に蹴られることがある。「ことがある」であって、常に蹴られるわけではない。どこまでエスカレートするかはカラスの性格にも、どの程度怒らせたかにもよるし、あなたが非常に怖そう・強そうであれば、やはりカラスは攻撃を控えるだろう。

この真の意味での攻撃も、やはり、後ろから頭を狙って、である。この段階でもまだ人間が怖いのだ。第一章に書いたように人間の体重はカラスの100倍。私の体重が60キロほどなので、100倍というと6トン。アフリカゾウの体重だ。子供の命がかかっていたとしても、アフリカゾウに徒手空拳で蹴りを入れるのはかなり怖い。できれば真正面からはやりたくない。

カア カア カア
カアカアカアカアカアカア
ガララララ……
コラー！

もちろん、カラスは飛べるから有利ではあるのだが、その有利も「捕まったら終わり」という事を忘れてはいけない。カラスは相手の手が届く範囲で留まってしまってはいけないのだ。だから、後ろから、人間の一番高い部分である頭のてっぺんを狙って、飛び越えざまに脚を下ろして蹴るのである。映像を見るかぎり、体重を乗せてガツンと蹴るというよりは、頭頂を踏み台にするようにポンと蹴飛ばすか、足指を丸めて拳《こぶし》を当てていくようだ。この時に指（特に後ろ向きの対向指）が髪の毛に引っかかるらしく、「髪を引っ張られた」「頭を摑まれた」という話を聞くことがある。時には爪が当たって擦りむくこともある。帽子を被っているなら、帽子を持ってゆかれることはあるかもしれないが、怪我をすることはまずない。

これがカラスによる攻撃である。間違っても、体重を乗せて全速力でくちばしを突き刺すとか、執拗にくちばしでつつき回すとか、そういう事はしない。なぜならば、下手に激突したら自分が死ぬからである。窓ガラスに鳥がぶつかって死ぬことがしばしばあるが、そういう鳥は顎骨が折れていたり、脊椎骨《せきついこつ》が砕けていたりする。鳥の飛行速度で頭から突っ込むのは、それくらい危険だ。

相手の体に止まったり、くちばしを突き刺したまま停止してしまったりすると、もっと危険だ。あなたがナイフを握って、巨大なクマの懐《ふところ》に飛び込んだとしよう。一

立ち入り禁止だよー
迂回して

太刀浴びせることはできるかもしれないが、間違いなく、次の瞬間に引き裂かれているはずだ。カラスにとって自分のくちばしが届く範囲とは、相手の攻撃圏内なのである。だからこそ、カラスは攻撃しても一瞬で飛び抜けてしまう。

ただし、くちばしが当たったと思われる負傷の例は、ないわけではない。私は見たことも聞いたこともないのだが、そういう例を書いている本はある。だが、恐らく、カラス側の操縦ミスか、人間が動いたことによる衝突事故だろうと推測している。威嚇の段階で気配を感じて振り向いたら、運悪くカラスの進路上に動いてしまって翼に当たってしまった、という話は聞いたことがあるからだ。

さて、このように、カラスは「いきなり理由もなく」攻撃してくるわけではないし、常に攻撃してくるわけでもないし、必ずしも実力行使までいくとも限らない。そして、蹴られても怪我をする例は少ない。

森下らが東京で調べた例では、「カラスに襲われた」という届出があった例のうち、出血を伴う怪我をした例は17パーセントだったとの事である。怪我はいずれもごく軽いもので、とりたてて手当てがいるものはなかったようだ。もちろん、届出のないものもあっただろうが、大きな怪我をしていれば報告されるだろうから、結局「カラスに蹴られても大怪我をすることはまずない」と見て良いようである。

実は、カラスの攻撃による最も危険な事例は「威嚇されて驚いた拍子に転んだ」「自転車に乗っている時に攻撃され、避けようとして電柱にぶつかった」といったものである。要するに二次災害なのだが、そちらの方がカラスそのものによる被害よりも危険そうだ。だから、カラスが怒り出しても慌ててはいけない。しょせんは辺りを飛び回るだけ、どんなに怒っても頭をポンと蹴る程度、と思って、まずは落ち着くことだ。

ということで、ここで紹介したような「おい何見てんだ」「お前だよお前」「さっさと出ていけ！」「まだわからんのかコラ」などの初級カラス語を覚えておいて頂くと、カラスと付き合う上で何かと便利である。

なお、威嚇と攻撃の手順はハシブトガラスでもハシボソガラスでもほぼ同じだが、ハシボソの場合は音声が少し違う。彼らは常にしゃがれた「ゴアー！」という声で鳴くからである。だから今述べた「初級カラス語会話」ではなく、態度で怒っているかどうかを判断するしかないが、ハシボソガラスがしつこく鳴く時はそれだけで威嚇の可能性を考えるべきだ。彼らは普段、あまり鳴かないからである。

一般にハシボソガラスはハシブトガラスよりおとなしくて、それほど怒らない。怒ったとしてもガーガー鳴きながら枝を叩くくらいだ。だが、さすがに雛が悲鳴を上げた時には寸止め攻撃をくらったことがある。一度は地面に落ちていた雛を枝の上に戻そうとして拾い上げた時だった。この時は雄雌2羽で繰り返し急降下され、蹴られはしなかったが、2度ほど翼が頭をかすめた。

もう一度は校舎の屋上からハシボソの巣がある筈の針葉樹を見下ろした時である。この木はほぼ校舎と同じ高さがあり、枝が密なので巣がどこにあるかわからず、繁殖ステージも全くわからなかったのだ。ひょっとして上から見えないかなーと思って覗き込んだら既に雛が巣立っており、木のてっぺんにチョコンと止まっていたのだった。雛はヒョイと首をかしげて、青い丸い目でじーっとこっちを見た。鳴くなよ、鳴くなよー、と思ったが、やはり自分より高い位置に大きな動物がいるのが怖かったのだろう、哀れっぽい声で「くわー、くわー!」と鳴いた(感覚的には、「泣いた」)。その瞬間、100メートルあまり離れた木の中で「ゴアー!」という声が炸裂し、2羽のハシボソガラスが弾かれたように飛び出して来た。やばい、両親が怒った。

この時は隣のハシブトガラスに縄張りに逃げこんで難を逃れたのだが、ハシボソといえども雛に危険が迫れば、この程度には怒る。

稀にだが、自分は何もしていない、カラスをいじめたこともないはずなのに威嚇されるという例もある。可能性は2つだ。一つは直前に誰かがひどくカラスを怒らせてしまい、ブチ切れの八つ当たりモードになってしまった場合である。こういう時は頭が冷えるまで放置するしかないので、さっさとその場を離れるしかない。怒っているカラスに（怒っていなくてもだが）理を説いて聞かせるにはソロモンの指環が必要だ。

もう一つは、滅多にない事だが、あなたに似た誰かをカラスが徹底して嫌っている場合である。しゅっちゅうカラスを怒らせていると服装や顔を覚えられることがあるらしく、「通るだけで威嚇される」といった例を聞いたことはある。実際、私がハシボソガラスの巣の中を撮影しようとした時は、これを恐れて変装して行った。試しに数日後、同じ変装で巣の近くを歩いてみた所、確かにカラスが飛んできてひどく警戒されたような気がする。顔ではなく服装で覚えている場合、見た目が似ているだけで「いつもの悪い奴だ！」と勘違いされることも、ないわけではない。

ちなみにその時の変装は黒の野球帽、サングラス、バンダナで覆面をしてタオルで首をグルグル巻き（万が一にもくちばしが当たった時の用心）、真っ赤なトレーナーというスタイルであった。顔を隠すと同時に自分が普段は絶対に着ないような服を選んだのだが、近くに警察やコンビニがなくて本当に良かったと、しみじみ思う。

もう一点。カラスは狭い路地から飛び立ったり、すぐ頭上の看板から飛び立ったりする。この時にたまたま、あなたの近くを飛ぶかもしれない。これは単なる進路の問題であって、向こうには人間をどうこうする気は全くない。かつて「カラス問題」をマスコミが取り上げていた頃、夕方のニュースなんぞで「カラスが人を襲う！」みたいな煽《あお》り文句と共にこのような映像（ゴミの横から飛び立ったカラスに女子高生がキャーキャー言っている、など）が流されていたことがあるので、念のために述べておく。

あいつが
うちを覗くのよ…
ガラララ…
しっかり記憶

さて、カラスに蹴られない具体的な方法論をまとめてみよう。

まずは、巣の位置を特定することである。カラスが怒るのは雛が危険にさらされている時で、ロクに飛べない雛がいるのは巣の周辺だ。巣立ち前でも巣をジロジロ見ていると威嚇される。巣のあたりでやたらに立ち止まらない、ガン見しない、という程度のことに注意していれば、カラスが機嫌を悪くする可能性は低い。カラスは巣を隠すのが上手なので探しにくいだろうが、春先に「この辺に近づいたらダメだからね！」と頑張って守っているあたりが、だいたいは巣になる。具体的には適当に高くて葉の茂った木で、あまり人の近寄らない場所にある事が多い（もっとも、裏をかくように物凄く目立つ木でひっそりと営巣するペアもいる）。

そして、カラスの声を聞くことである。巣のあたりから「グワア」「くわー」と雛の声が聞こえたら、子供が育っている証拠だ。そしてカラスが攻撃をしかけるとしたら、必ず後ろからだ。背後に隙がなければ、カラスは攻撃できない。後ろをサッと見るだけでも牽制になる。何度も書くが、カラスは人間を恐れているからだ。

ということで、カラスに蹴られないための心得は、

一、カラスの声をよく聞く

一、某スナイパーになったつもりで、「俺の後ろに立つな!」と視線と態度で告げる
の2つである。そして付け加えるならば、
一、ヤバいと思ったら、ゴルゴ気分は忘れて、さっさと逃げる
ことである。この時、慌ててはいけない。カラスによる怪我よりも転倒による怪我の方がよっぽど危険だという事を思い出そう。彼らは都市部ならば直径数百メートル程度の縄張りしかないので、どこまでも追ってくるなどということはない。子供を守っているならば尚更《なおさら》、大きな移動はしない。せいぜい数十メートルも離れれば大丈夫なはずである。万が一にも蹴られるのが不安ならば、新聞紙か雑誌で後頭部をガードすると、カラスの爪は防げる。

私はカラス屋なので自分からカラスの巣や雛に近づいているのだが、いまだに威嚇された事はあっても蹴られた事がない。共同研究者の森下さんも、カラスの子供が頭にとまったことはあるそうだが、蹴られたことはない。一般に、カラス屋はあれこれやっている割にあまり襲われない。むしろ、蹴られたら喜ぶくらいだ。理由は、やはり、カラスの動きや音声に常に注意しているからであろう。カラスの声のプレイバック実験を行っていて気付いたのは、道を通る人々はカラスの声を完全に背景雑音とし

て聞いていて、スピーカーから流しても全く反応しない、という事であった。恐らく、文字通り「耳に入っていない」のだ。

確かにカラスの声なんかいちいち聞くより、音楽でも聴く方が楽しいかもしれない。だが、人間を恐れているカラスがそれでも子供を守るために声を上げているのだ。クラクション程度には、聞いてやっても良いのではないだろうか。

カラスのつぶやき3

あの作品の、あのカラス

　映像作品や小説にカラスが登場することがある。古典的にはポーの「大鴉」。原題はThe Ravenなのでワタリガラスの事だが、「おおがらす」が重厚で良い。「Never more」が決め台詞(?)で、アメリカでは飼っているワタリガラスに「Never more」と喋るよう教えた人もいるそうだ。バーンド・ハインリッチはワタリガラスの驚くべき知能についての論文を書き、タイトルを「Bird brain never more」つまり「鳥アタマなんて『最早ない』」とした。

　残念ながらカラスは不気味な役が多い。有名なのはヒッチコックの「鳥」だが、カラス屋としては「カラスが集団で襲う」というイメージを植えつけた作品としてダメ出ししたい。「クロウ／飛翔伝説」のカラスも蘇《よみがえ》った復讐者の象徴だから、ちょっと怖い役(なお、この作品に「主演」したワタリガラスは世界一ギャラの高いカラスだそうである)。コミカルだったのは「大きな鳥と小さな鳥」だが、ここに出てくるカラスは「イデオロギーを振りかざす口先ばかりのインテリ」の象徴で、最後は焼き鳥にされてしまう。多少とも活躍するシーンがあったのはカラスが伝令を務めた上、悪役のクルエラを足止めしていた「101」くらいだろうか。

　聖書的な世界観からの登場は「機動警察パトレイバー the Movie」で、冒頭、帆場暎一が頭をなでているワタリガラスは見事だ。それに対し、「箱舟」に戻って来たワタリガラスは象徴的な存在と見るべきなのか、カラスという生物からは離れてしまっている。

アニメでカラスが登場したといえば、なんといっても「魔女の宅急便」だ。ウルスラの小屋でスケッチのモデルを務めていたのは白黒のカラスたち。舞台はヨーロッパらしいので、ニシコクマルガラスかズキンガラスと思われるが、どちらともなんとなく違う（ズキンガラスにしては背中が黒く、ニシコクマルにしては頭が黒い）。ちょっとオシャレなカラスさんたち、と思っておけばいいだろう。

同じくスタジオジブリでは「猫の恩返

し」にカラスのトトが登場する。カラスとは名乗っていないが、仲間も含め、かなりハシブトガラスだ。特に猫の事務所の手すりの上でピョンと向きを変える動きがいい。

漫画ではなんといっても黒田硫黄の「大日本天狗党絵詞」。カラス（というか天狗）たちが「七と言っぱ六の次」「七の次はなんだ」「知らぬ」「七の次はたくさんだ」「たくさんとはまた多いな」「いや七もなかなか」と大真面目に話しているのを読んで笑い転げた。そう、カラスは7までなら数えられるという噂があるのだ。その証拠によく見ると8羽いるのにカラスたちは気付いていない。しかも、絵が独特のタッチながら実にカラスだ。

小説ではC・W・ニコルの「北極カラスの物語」が素晴らしい。カラスが雪の上に綴《つづ》った大叙事詩の最後には、サインのように1枚のカラスの尾羽が雪に突き立っている……鮮烈なラストシーンだ。北極カラスとあるが、ワタリガラスなのだろう。

ちょっと変わったところではハンティングを題材としたサスペンス小説で「リトル・クロウは舞いおりた」（マーク・T・サリヴァン）。カラスは最後までほとんど出てこないが、小さいけれども全てを見通すスピリチュアルな存在として描かれている。

そして誰よりもカラスらしいカラス

として大活躍したのが、「のどか森の動物会議」（ボイ・ロルンゼン）の主役、大食いヤコブスだ。いつも腹ペコで顔が広く、人語を理解し、フットワークが軽くていたずら好き。話の発端からして餌目当てとは、彼こそカラスの鑑《かがみ》である。

「はぐれ刑事純情派」では藤田まこと演じる安浦刑事が「や、ちょっと通りかかったもんですから」などと言いながら参考人と公園のベンチで話をする、というシーンが定番だったが、背景には大概、カラスの声が入っていた。効果音は別録りかもしれないが、だとしても「公園ならカラスが鳴くもの」と認識されている、という事だろう。別録りでないなら、火曜サスペンスと土曜ワイドと「はぐれ刑事」を全てチェックすれば、ロケ地でのカラスの増減がわかるかもしれない。

第四章
カラスのQ&A

これまでにいろいろな方にお会いする機会があったが、皆さん、必ず一つや二つはカラスについての話題をお持ちである。なんだ、みんなカラスのこと良く見てんじゃん（笑）。ここでは、私が今までにしばしば聞かれたこと、編集さんと話していて出てきた話題などから、カラスに関するQ&Aをご紹介したい。

よくある質問

初級編

Q

カラスの祖先ってどんな鳥ですか？

A 実は、フウチョウ（極楽鳥）と兄弟なんです。

カラス科に最も近縁な鳥の一つは、皆さんの予想を裏切ると思うが、フウチョウの仲間である。ニューギニアの森で色とりどりの飾り羽を広げ、さらに不思議なダンスで雌に求愛する、あの豪華絢爛《けんらん》たる鳥たちのどこがカラス？と思われるだろうが、交叉免疫法（相手のタンパク質が免疫系にどのくらい攻撃されるかを見る方法。系統的に遠い生物ほど「お前なんか見たことねえ！」とばかりに激しく攻撃される）やDNA塩基配列の解析からは、フウチョウがカラスに近いという結果が得られているのだから仕方ない。ただし共通祖先がどんな色をしていたのかはわからない。

Q カラスってみんな真っ黒なんですか？

A 白黒のカラスもいます。

カラスといえども真っ黒なものだけではなく、白×黒とか灰色×黒のツートーンのカラスは存在する。ハシボソガラスの亜種でロシアからヨーロッパの一部に分布するズキンガラスは白黒のまだら模様だ。他にはイエガラス、クビワガラス、ムナジロガラス、コクマルガラス、ニシコクマルガラスなどがツートーンである。

モノトーン以外のカラスとしては、ニューギニアのハゲガオガラスの若鳥は褐色がかっている。

だが、30種あまりのカラス属の大半は黒い。カラス科の中にはルリカケスやルリサンジャクなど青い羽を持つものが普通にいることを考えると、不思議ではある。

Q
カラスはなぜ黒いのかなぁ？

A

全然わかりません。

Q
なんだか艶がありますよね？

A 構造色の一種です。

カラスの羽が黒いのは、羽の中にメラニン系の色素を含む構造があるからだ。さらに羽毛の表面にはケラチン層があって、わずかだが光を散乱、干渉させて構造色を発生させる。これが紫や青に変化するメタリックな光沢を生み、「カラスの濡れ羽色」と呼ばれるわけだ。ただの真っ黒ではない事を、日本人はちゃんと知っていたんですよ。

Q あんな黒ずくめで暑くないんですか？

A 暑いです。

カラスは夏になると、しばしば口あけてボケーッとしている。ちょっとでも涼しい所へ行こうとして、河原の橋の下に集まっていたりもする。川辺でちょいと涼むなんてなかなか粋《いき》だ。

ただ、白い鳥は赤外線が浸透しやすく、体温が上がりやすいという研究もあるので、一概に黒いから暑いとも言えない。黒い羽は光線を吸収してしまうので表面温度こそ上がるものの、羽毛の優れた断熱性によって体温自体はあまり上がらないのだとか。

Q カラスに言葉はあるんですか？

A 音声コミュニケーションはあります。

ただ、全ての鳴き声が特有の意味で構成されているという証拠はないし、人間の言語のような文法や文節や単語もないだろうから、言葉というと少し違う気がする。

Q カラスがうるさいんですけど……

A 地声がデカいので許して下さい。

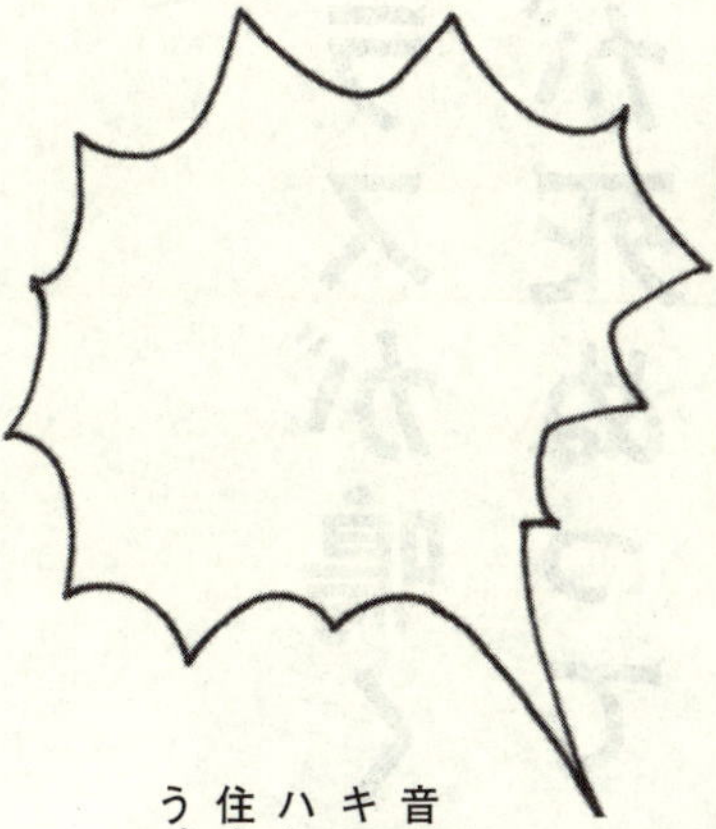

ハシブトガラスの声はものすごく大きい。騒音のない、見通しの良いところであれば1・5キロ先からはっきりと聞き取れたことがある。ハシブトガラスはもともと山間部の広い森に住んでいたので、遠くの相手にも音声が届くよう、地声が大きいのである。

Q カラスが鳴くと人が死ぬって本当ですか……!?

A 僕はまだ生きてますが何か……?

まったく根拠がないわけではなく、通夜や葬式で人の出入りがある(しかも食べ物が出る)のに気付いて、様子を見に来る事はあるかもしれない。カラスが鳴くからではなく、原因と結果が逆なのだ。あとは野ざらしの骸《むくろ》に群がる事からの連想ではないか。

Q

……カラスと目を合わせると襲われそうで怖いです!!

A

大丈夫です、向こうもそう思ってますから。

明日の朝にでも、電線に止まっているカラスを、えいっと見上げてみてほしい。「何？　何？　なんかすんの？」と明らかにオドオドするはずだ。カラスの方が人間を恐れているのである。通行人はカラスを捕まえて殺したりしないものだ、という事実はカラスには内緒にしておけばよい。ただし、雛をじろじろ見ていると、雛は怒らないが親が本気で怒る事がある。

Q

すっげーずうずうしくて
ムカつくんですけど！

A 人間の方が避けると、逃げなくてもいいって思っちゃうんです。

うわ、カラスいるじゃん。なんか怖いからちょっと端の方を通ろう。そうするとカラスは「ん？　何、通るの？　あ、そう」とゴミ漁りに没頭している。人間サマを避けさせてお前何してやがんだよコラ。……という経験はないだろうか？

カラスは人間が自分を避けようとしている動きを見て「あ、こいつは避けて通るのか、じゃあ逃げるまでもないな」と判断しているのである。試しに、カラスに近づいたところで「避けるとみせかけてぇ、実はっ！」と急停止して、さっと向き直ってみよう。カラスは大慌てで逃げ出すはずである。カラスの目を見ながらズンズンズンと近寄っても、必ず逃げる。

Q 家の近所のカラスが肩に乗って来ます。

A うらやましい限りです。代わって下さい。

稀に、こういう事があるらしい。非常に人懐っこいカラスと、警戒されにくい人間の組み合わせの場合である。しかし、完全に野生のカラスがここまで馴れ馴れしいのは珍しい。人間に飼われていたか、餌をもらっていた個体である可能性が高いように思う。

Q

カラスって味覚はあるんですか、それは進化してるって事ですか？

A 一応ありますが、そんなに敏感かどうかは……

鳥は一般に、味を感じる感覚器の数が人間と比べて格段に少ない。果実食の場合は熟した甘《ま》い果実を選ぶため、昆虫食の場合は毒のある不味《ず》い昆虫を避けるために味覚が進化したのだろうが、そんなに微妙な味わいをテイスティングする必要もなかったのだろう。また、とんでもなく渋かったりエグかったりする実も食べているから、人間より我慢強いのも確かだ。贅沢を言っていては飢え死にしてしまうので当然ではある。

ただ、カラスは辛いのが苦手なものがいるらしく、きんぴらごぼうを食べた後で黙って水たまりに行ってくちばしをジャブジャブと洗っているのを見たことがある。七味唐辛子が効きすぎていたらしい。個体によっては平気だそうだが。

Q カラスは餌の臭いを嗅ぎ付けて来るんですか？

A 嗅覚はほとんどありません。

鳥の一般論として、嗅覚はあまり使っていない。鼻《び》腔《こう》の嗅上皮（嗅覚器の分布する部分）が小さい上、感覚器自体がほとんどない。脳の嗅覚野も未発達だ。鳥の中で嗅覚を餌探しに用いているのが確認されているのは、キーウィ（ほとんど視力がない）とヒメコンドル、ミズナギドリ目くらいだ。

カラス同様に死肉食性のコンドルが嗅覚を用いるのは何かを示唆しているように思えるが、実験してみるとカラスはどうやら嗅覚を用いていない。また、コンドルの中でも嗅覚が鋭いのはヒメコンドルだけのようである。鼻が効く方が例外的で、基本的には目で見て探しているわけだ。

Q カラスってボスがいたり、見張り役がいたりするんですよね？

A 順位はありますが、命令系統はないと思います。

集団内に順位があるのはほぼ確かである。餌にアプローチする優先権も順位に依存するようだ。だが、カラスの「ボス」が他のカラスを従えている、という見方は多分、誤りである。強い個体は真っ先にたらふく餌が食える（邪魔者がいれば一睨《ひとにら》みで蹴散らし、それでもどかない無礼者は実力で排除する）というだけで、何かを命令したりはしない。周囲で鳴いている個体は「まだかなー」と遠巻きに眺めているだけだろう。もちろん、この時に外敵が来れば騒ぐだろうし、その結果として他の個体も一緒に逃げるということはあるだろうが、それは「仲間のために見張りを務めた」とは言わないだろう。

Q カラスの生活範囲はどこからどこまで?(一生で考えて)

A

北海道で標識されて茨城県で捕まったカラスがいます。若い個体が遠くへ旅立った例です。

ワタリガラス、ミヤマガラスなど明確に渡りを行うカラスもいる。若鳥が季節的な移動を行っている可能性もあり、北海道で海の上へ飛び出して行く一団を見たという報告もある。沖縄ではハシボソガラスは冬鳥だ。韓国ではハシブトガラス、ハシボソガラスとも冬鳥だという。

Q カラスは人間の言葉をなんとなくでもわかるのかしら?

A

ローレンツの飼っていたワタリガラスは、あるいは。真似だけなら、結構します。

動物行動学の始祖、コンラート・ローレンツの飼っていたワタリガラスのロアは、ローレンツに「そっちへ行くな」と伝えたい時だけ「ロア、ロア」と鳴いたという。自分への呼び名である事を理解して、特別な鳴き方として使っていたのではないか、とローレンツは考察している。

飼育下で鳴き真似として喋るカラスはよくいる。

Q カラスは人間の顔を識別できるんですか？

A できます。

慶応大学（当時）の草山太一らの実験によると、モノクロの顔写真だけでも人間を見分けることができたそうである。ただしこれは実験条件下でのことで、野外でそんなにじっくりと人の顔を見ているかどうかはわからない。ただ、ハンターの車を覚えたり、いつも苛《いじ》める相手を覚えたりした例はあるようだ。

Q

カラスって お賽銭を盗んで 自販機で 買い物するんですよね？

A それ、ガセネタです。

「カラスがお賽銭を盗んで自販機に入れて鳩の餌を買い、自分で食べた」という噂を聞いたことのある方がいらっしゃるかもしれないが、これはフィクションである。

「どこか外国だったと思うが、拾ったトークン（代用硬貨）を自販機か何かに入れたカラスがいたらしい」という伝聞から始まって（この伝聞自体は鳥類研究者が聞き込んだものなのだが、裏がとれていない）、どこかで尾ひれがつき、さらに「特命リサーチ２００Ｘ」という番組がまことしやかに「再現映像」をつけて放送しただけである（２００１年2月25日放送）。この回の放送はカラス的には非常に不正確なものだった。私のところにも電話取材があったが、台本に都合のいいコメントを引き出したかっただけのようで、有体に言えば二度と関りたくない（とっくに番組は終了しているけど）。

哲学的&マニアックな質問

上級編

Q

カラスに
モーツァルトの曲を
聴かせると
どういう反応をするかな？

A
様子を見に来るかもしれませんが感動はしない、と思います。

カラスは聴きなれない音を確認に来ることがある。真似することもある。だが、音楽的な囀りはしないので、きれいな音楽に感動することはなさそうな気がする。

その点、実家にいたジュウシマツの雌は鮫島有美子のドイツ歌曲に聴き入り、シューベルトの子守唄を聴くとちゃんと寝た。

Q カラスには死の意識がありますか？

A 無い、と思いますけど、仲間の死骸を見ると騒ぎます。

いわゆる「カラスの葬式」だが、死を悼《いた》んでいるというよりは異常事態に興奮しているとか、結果として（付近にまだいるかもしれない）外敵を追い出すとか。そういう行動のような。ただ、餌がない時は死んだ仲間でも食べてしまうことがあるとか。

一度だけ観察した、連れ合いを亡くしたらしいカラスの鳴き声はちょっと忘れられない。

Q

メジロのような
かわいい小鳥たちと
カラスのバランスを
どのように御考えか？

A 都市と森林は異なる環境です。

都市は、資源量という点でカラスには天国だが、メジロにとってはイマイチだ。そこにカラスがたくさんいるから、捕食圧までかかる。それが悔しいのはわかるが、「自然にはこんなにカラスはいないのに」と言っても仕方がない。街には街の「生態系のバランス」がある。しかも、その環境を作り出し資源を与えているのは人間だ、という点が皮肉だ。

もちろん、「小鳥を増やしたいから邪魔者であるカラスを減らすべきだ」という意見もあろうし、緊急に保護が必要という場合もあるかもしれない。しかし、小鳥に肩入れするならば同時にカラスも愛してほしいのだ。都市に自然を求めると言いながら自分好みの箱庭を作り、それを『自然のバランス』といった舌触りのいい言葉で誤魔化してはならない。まして「小鳥はかわいいから愛する」のが優しさなどではない。

だからこういう質問を受けたら、「小鳥はかわいいから何羽いてもいいが、カラスなんか目障りじゃない程度に生存を許してやるって意味ですか?」と聞きなおすこともある。

Q カラスって食えるんですか？

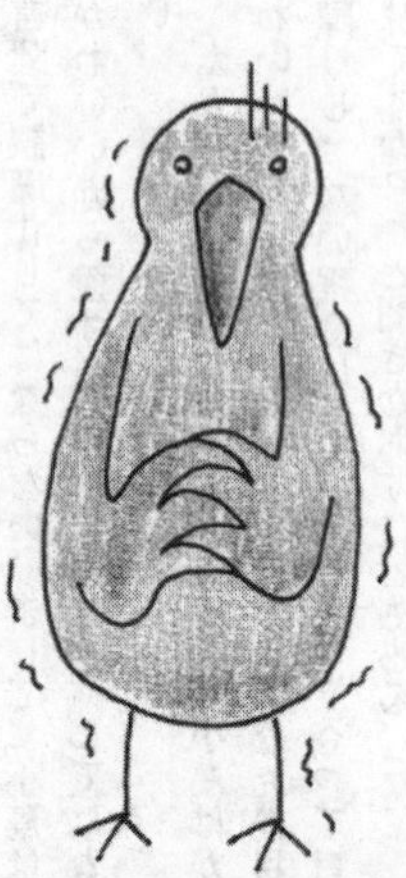

A 食えます。

長野県には「カラス田楽」という郷土料理があったという。ネギ、ショウガ、味噌などを混ぜて叩いて串に刺して焼く、つくねのような物だったそうだ。薬味たっぷりな上に味噌というあたりが、「食いたくない」感を漂わせているのは気のせいか。

フランスの古いジビエ料理（狩りによって捕獲された野生動物の料理）のレシピにもカラスを使うものがある。ローストやソースの出汁《だし》にするのだが、特に秋の田園地帯のカラスがうまいとされていたそうだ。フランスに住んでいた人に聞いたところ、現在でも趣味的にジビエとして食べる人はいるらしく、白黒のカラス（ニシコクマルガラスか？）が特にうまいとされているとか。中国南部やベトナムでも食べると聞いたし、韓国では薬として利用されるという。

実は、自然死した新鮮なハシボソガラスを拾って解剖した際、肉を切り取って塩焼きにして食べたことがある。赤身で鶏肉とは全く違い、むしろ牛肉とレバーを混ぜたような風味だった。レバーっぽかったのは血抜きをしていないせいだろう。それを除けば特に臭みもなく、不味いというわけではなかった。しかし、春先に凍死した若い雄では硬い上に全く脂が乗っておらず、わざわざ食うほどのものでもなかった。

なお、念のために書いておくが、カラスといえども捕るためには狩猟免許が必要なので、その辺で勝手に捕って来て食べてはいけない。また都市部のハシブトガラスは鳥類の中で最も消化管内の線虫が多いという噂もある。まあ、ハシブトガラスの砂肝を生食する人もいないだろうが。

Q

カラスに黄色いペンキを塗ったら仲間に苛められちゃう?

A 多分大丈夫かな？色素異常のある個体でも子孫を残してますから。

ハシブトガラスの基礎的な研究論文の一つが、「バフ変ハシブトガラスのなわばり生活」だ。バフ変とは色素異常によって淡褐色（バフ色）になった個体で、最初に皇居で見つかり、同じ個体と思われるものが3年後に赤坂で繁殖して、山階鳥類研究所所長だった黒田長久がこれを観察して記録をまとめたのである。熊本県でも白いハシボソガラスが繁殖した例がある。苛められる事はあったかもしれないが、ちゃんと結婚できたんですね。なお、黄色が嫌いではない事については本文参照。

Q

かご（サイズ一辺4メートルの立方体）にオスの成鳥カラスとオスの成獣の野良猫を入れて対決させたらどちらが勝ちますか？

A 本気でやったら猫じゃないですかねえ?? 普通は、ガチバトルの前に猫がどっか行きますけど。

たとえガチバトルになっても、「上空4メートルから急降下したカラスが飛び蹴り！　あーっと、猫にはダメージがない！　ここで必殺の猫パンチが炸裂！　だがカラスはもう逃げていて届かないぞ！」という感じになると思うのだが。

しかしカラスには一撃必殺の威力がなく、一方でくちばしが届く距離なら猫の爪と牙が襲ってくる。カラスといえども自分の数倍の体重がある猫に首筋に嚙みつかれたら無事では済むまい。だからカラスがドジを踏んで避け損ねた瞬間に猫が勝ちそうな気がする。

普通はカラスが枝にとまって「あっち行けー」と鳴き、猫は「うるせーな」と通り過ぎるだけだ。たま〜に、カラスに忍び寄ろうとしている無謀な野良猫がいるけれども。

Q

なぜ日本に近い、韓国のソウルや、中国の香港にはカラスがあまりいないんですか？

A よくわかりません。都市の成り立ちや歴史、文化なども関連すると思います。

文献資料によると江戸時代から東京にはカラスがたくさんいた事が窺える。一方、日本以外の国でハシブトガラスが街なかにいるところはない。非常に不思議である。

ただ、ヨーロッパでもハシボソガラスやズキンガラスが公園にいることは多いし、東南アジアやインドではイエガラスがたくさんいる場所もある。

Q
カラスの死因のベスト5は？

A

調べた人がいませんが、餓死と病死が上位でしょう。捕食と事故はどちらが多いかな？それ以外というと、人間による捕殺くらいでしょうか。

実は空腹や高温に弱い、という噂もある。病気にもなる。タカに襲われることもある。カラスといえども普通に野鳥である。なお、高速道路でよく轢かれる鳥はトビとカラスだ。動物の死骸を食べに行って自分も轢かれるのである。

Q
東京でカラスウォッチをしたい場合のオススメスポットはどこですか？

A

代々木公園とか北の丸公園とか、面白いですよ。ハシボソガラスは多摩川や荒川沿いにいます。

Q
カラスを鳥かごで飼いたいです！

A

一応、飼えます。大きなかごでないと尾や頭をぶつけてしまいますが。

※捕まえて飼っていいわけではないので、念のため。

研究や救護目的で飼う場合は60センチ四方くらいのケージに入れるが、それでも羽をぶつけたりしてずいぶん狭そうである。

知り合いは事故で片翼を切断したハシボソガラスの里親になっているが、よく懐いてかわいいとのこと。ただし朝5時から餌をねだって大声で鳴くそうである。

Q カラスと人類、どちらが長く生き残れますか？

A

そりゃあカラスでしょう。
人間がいない環境にも
カラスはいます。

Q カラスの死骸はどこに行けば見られるんですか？

A ねぐらの下や巣の下によくありますが、その気で探さないと見つかりませんね。

普通に死ぬのだが、ねぐらも巣もあまり人の立ち入らないところなので見つけにくい。また、落ちていても他の動物に食べられたり持って行かれたりする。都市部だと朝イチでゴミとして片付けられてしまうか、人目につかないところに押しやられたり、埋められたりする。この辺りの研究は松田道生の「カラスはなぜ東京が好きなのか」に詳しい。

某UFO研究家によるとカラスは地球を探査するために送り込まれた波動生命体なので死ぬと消えてしまうそうだが、その割には何度も死骸を見たし、食べたこともあるなあ。

Q 日本サッカー協会のように、カラスをシンボルマークにしているところって他にあるの？

A

「モダン・アミューズメント」社の
定番デザインがカラスでした。
京都三年坂の和小物店
「カラス堂」のマークもカラスです。

ついでに私のTシャツも
しばしばカラスの絵が描いてありますが、
自作です。

Q カラスにカメラを向けると逃げてしまいます。コツはありますか？

A あったら教えてほしいです。

鳥にとって自分を凝視する相手は大概、天敵だ。だから視線を嫌がる。双眼鏡やカメラを向ける動きはもっと嫌がる。強いて言えば急に動かないこと。

カラスの行動を記録しようとノートに目を落とした瞬間にカラスが飛んでしまい、顔を上げるといなくなっている事がよくある。カラスに限らずだが、鳥は予想以上に人間の視線を読み取っているようだ。

Q カラスと黒猫どちらが不吉でしょうか？

A

どっちも出会うと
楽しいじゃないですか（笑）
黒猫に「にゃー」と挨拶して、
カラスに「おーい」と手を振れば、
きっとその日は
いいコトがありますよ。

結　何はなくても喰ってゆけます

仕事はなんですか、と聞かれると案外困る。別に人に言えない仕事をしているわけではないのだが、ちょっと説明しにくいのだ。大学の博物館にいます、までは簡単なのだが。名刺には「特任助教　松原始」と書いてある。特任というのは「客員」程度の意味だが、夜な夜な黒ずくめで現れる特命係長みたいでちょっとカッコイイので「特任助教」という肩書きは嫌いではない。とはいえ、理系の大学教員というと白衣など着て実験しているか、教壇で数式バリバリの講義をしているみたいで、これは自分の普段の姿とは全然違うから、博物館のスタッフと名乗る方がしっくりする（しかし非常勤講師として他大学で教壇に立つこともある……ああややこしい）。私の所属はＩＭＴ研究部門といい、実験的な展示デザインなどを研究・実践するところだ。では私が日々、展示デザインのスケッチを描いたり、前衛的な映像と標本のコラボを考えているかといえば、そんな事はまったくない。主に標本を整理したり、標本のメンテナンスをしたり、キャプションを書いたり、電動ドライバードリルと工具箱を持って走り回ったり、展示ケースのガラスを磨いたり、脚立の上で照明を調整したり、そういう作業をしている（本書の編集者である植木さんと初めてお会いした時も、脚立の上で照明の調整中だった）。だから「なるほど、直属の現場担当要員ですか」と言われれば否定はしないけれども、ここに来るまでは博物館には無縁で、学芸員資格があるわけでもなく、実務経験もまったくなかった。私の専門分野は鳥類を中心とする動物行動学で、しかも野外観察が主体であり、今も研究は続けているのだ。

これを説明すると非常に長ったらしい上に意味がわからないので（大学の教員だけど博物館スタッフという方がいいかな、一応、非常勤で学生に教えることもあるんだけど、それで博物館の展示デザインとかの部門にいるけど僕はデザイナーじゃなくて現場担当で、普段は何でもやってて、専門は一応、動物行動学でカラスの研究なんだけど……って書いている自分でも理解できない）、「博物館屋さん」と名乗ることもある。こういうわけのわからない奴がなぜ食っていけるかといえば、それは私がカラスだったから、という事になるかもしれない。

大学での専門は鳥類だったが、幸いにして鳥以外の動物も全部好き、という広く浅い守備範囲だとか、小さい時からさんざん小刀やノコギリを持たせてもらったおかげで覚えた工作だとか、そういう下地があったせいで、なんだかわからない標本のキャプション書きに来歴調査、展示制作の現場作業にまで使ってもらえている。「スペシャリストではないが、一応あれこれできる」という実になんともカラス的なポジションに立つことで、この、研究者の環境収容力が下がりまくりの時代に、なんとか食っていけている。実にありがたい。

博物館の現場というのは、信じられないほど細々《こまごま》とした、しかもわけのわからない仕事があるものなのだ。むしろ、それを嬉々《きき》としてやっているのだが。いかにも古びて見える昆虫標本のラベルを新造し、幅20ミリの枠内に丸ペンで学名を書き込む、などという仕事はなかなか熱が入る。こういう事に熱中している自分をふと省みて、「落穂拾いにいそしむミヤマガラスか、それともどうでもいい隙間にくちばしを突っ込みたがるハシブトガラスか、だがハシブト君にこの細かい作業は無理だな」などと考える。

着任した当初、博物館業務は知らないことばかり、いわば、若いカラスが全然知らない環境に飛び込んでなんとか生き延びて行くようなものであったのだろう。「邪魔だ、どっか行け」と言われないよう気をつけ、「これやっといて」と言われる仕事をこなし、こなしたと思っては訂正。N先生の「何それ、全然ダメじゃん」という声を聞いても何が「全然ダメ」なのかさっぱり、という日々だったが、博物館に勤めだして1年以上も経った頃だったか、同僚に「松原さんて柔軟ですよね」と言われたことがある。「最初のうちはキャプションを頼んでも正直、かなり手直しが必要だったのだが、今は大丈夫」というのが理由だった。それは柔軟というより今さらのダメ出しじゃないですか（泣）、とも思ったが、自分はどうやら学習しつつあるらしい、まるでターニングを覚えるハシボソガラスの雛だな、という気もして、ちょっと誇らしかった。

そのような期間を経て、館に不可欠というわけではないにせよ、「いたら便利」くらいのポジションに食い込むことに成功したらしく、飛ばないカラスは、その「博物館的ジェネラリスト＝カラスのような何でも屋」ぶりを買われて、日々、なんでもありの博物館屋さんとして勤務しつつ、餌にありついている。

もちろん、こういう阿呆を飼っておいてくれて、辛抱強く仕込んでくれる環境があったからこそ、であるのは言うまでもない。

カラスの特徴は、特殊化していないことだと思う。絵に描いてみるとわかるが、カラス類のシルエットは、くちばしがやや大きいことを除けば非常に基本的なトリの形をしていて、明快な特徴がない。だから、ものすごく得意という分野はないのだろうが、逆に言えば、何でも一応はできる。シギのような長いくちばしも、猛禽のような鋭い爪も、アホウドリのような長い翼も持ってはいないが、それでもカラスはちゃんと餌を食っているわけだ。包丁で言えば「これ1本でだいたい間に合う」という万能包丁で、刺身や菜切りに特化したつくりではない。

何でも一応はできるということは、潰《つぶ》しが効くということである。これはどんな場所でも、何を餌とする場合でも、ソコソコの成功を収めることができそうな戦略である。生物の進化というと「袋小路と背中合わせの特殊化」という感じがするかもしれないが、敢えて得意科目を作らない、60点主義でいいから八方美人にしておく、という進化もあり得るということだ。カラスの場合は全科目80点くらい取っているような気もするし、観察力や記憶力がその「60点主義」をフル活用するのに役立っているのだろう。つまり、カラスという生き方もまた、進化の上にある一つの生活型だ。それはいわば、カラス流の渡世術である。

さて、このような本を書かせて頂くようになるまでに、様々な方のお世話になった。まず山岸哲先生、今福道夫先生、森哲先生をはじめ、京都大学理学研究科動物学教室動物行動学研究室の皆様。そして林良博先生、西野嘉章先生と東京大学総合研究博物館の皆様。それから、様々な談義と、時に一緒に調査させて頂いているカラス屋の皆様に御礼を申し上げる。何より、カラス馬鹿な生き方を許してくれた両親と、子供の頃の野遊びにつきあって下さった三上さん、竹内さんに。

最後に、この本の構想を立ち上げ、企画を通し、こだわりのレイアウトとイラストに尽力して下さった上、マニアックすぎる質問まで寄せて頂いた雷鳥社の植木さん、安武さんに心から御礼を申し上げたい。植木さんが随所に登場させてくれたカラス君にもね。

この本をお読み頂いた方のカラスを見る目が、明朝は少しでも優しくなることを願ってやまない。

【主要参考文献】

『カラスの自然史』2010／樋口広芳・黒沢令子編　北海道大学出版会
『カラス、どこが悪い!?』2000／樋口広芳・森下英美子　小学館文庫
『カラス、なぜ襲う』2000／松田道生　河出書房新社
『カラスはなぜ東京が好きなのか』2006／松田道生　平凡社
『カラスはどれほど賢いか』1988／唐沢孝一　中公新書
『カラスの常識』2007／柴田佳秀　寺子屋新書
『ワタリガラスの謎』1995／B.ハインリッチ　渡辺政隆訳　どうぶつ社
Crows of the World Second Edition. 1986. D. Goodwin. British Museum, London.
The Crows. 1978. F. Coombs. Batsford, London.
Mind of the Raven. 2000. B. Heinrich. Harper Collins, New York.
Comparative Analysis of Mind. 2003. S. Watanabe. Keio University, Tokyo.
『鳥脳力』2010／渡辺茂　化学同人
『ソロモンの指環』1987／コンラート・ローレンツ　日高敏隆訳　早川書房
『オシドリは浮気をしないのか』2002／山岸哲　中公新書
『鳥はなぜ集まる？』1990／上田恵介　東京化学同人
『カラス科に属する鳥類の食性に就いて』1959／池田真次郎　林野庁
『とうきょうのカラスをどうすべきか　第1回シンポジウム報告書』1999／川内博・松田道生 編　日本野鳥の会東京支部
『とうきょうのカラスをどうすべきか　第2回シンポジウム報告書』2000／川内博・松田道生 編　日本野鳥の会東京支部

スケッチ……………………松原 始
イラスト（カラスくん）…植木ななせ

【名前】カラスくん
【年齢】５歳
【性格】好奇心旺盛だけどちょっと臆病
【好きな食べ物】マヨネーズ、フライドポテト
【苦手な食べ物】七味唐辛子、キムチ
【好きな色】黒
【得意なこと】人間観察
【住処】ほどよく葉の茂った街路樹
【好きなことわざ】今泣いたカラスがもう笑う
【得意料理】フライドポテトのマヨネーズ和え
【住んでみたいところ】屋久島
【旅行して気に入ったところ】代々木公園
【最近凝っていること】果物の収穫
【何をしているときが一番落ち着く？】読書
【憧れの鳥】シルバースポット（銀の星）

【おまけ】あなたのカラス度診断

① ワードローブがなんとなく黒いと思う。
② 何でも食べます。好き嫌い？ ダイエット？ 何ソレおいしいの？
③「情報通」「物知り」と言われる方だ。
④ 結構、器用。っていうかムダに器用かも。
⑤ 周囲に「実はヤバそうな奴」と誤解されている気がする。
⑥ 好きな歌を聞くと無意識に口ずさむことがある。しかも完コピ。
⑦ 群れるのは別に嫌いじゃない。義務感はないけど。
⑧ 気になるものを見つけると、立ち止まってチェックしないと気がすまない。
⑨ でも、石橋を叩いて他人に渡らせるタイプだ。掲示板では半年ROMる。
⑩ 見つけたものは食べてもいいと思っている。

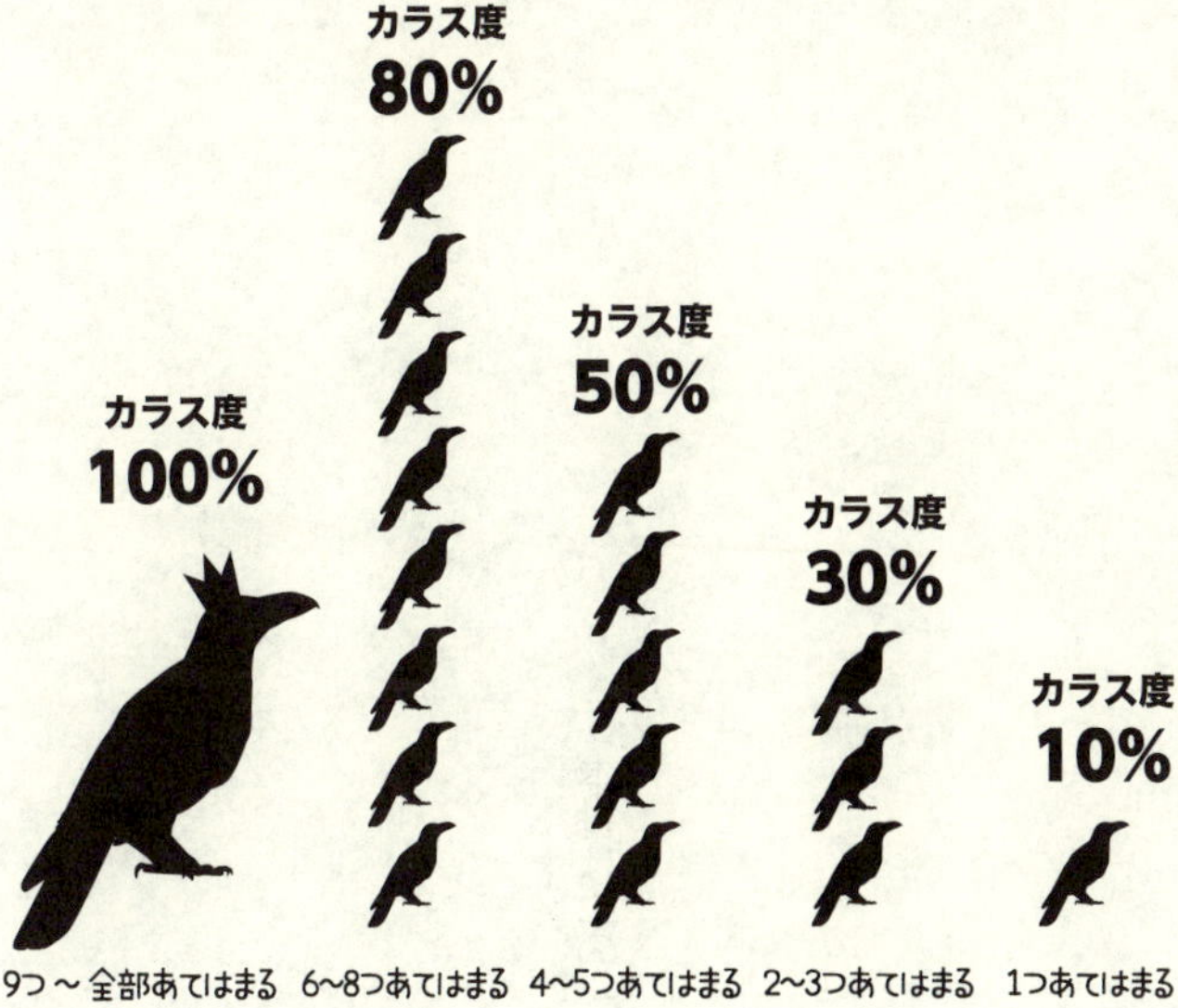

うーん、あんまりカラスとはいえませんね。でもタイプなんて人それぞれ、気にすることはありません。え？　カラスなんて10％で十分ですか、そうですか。

まあ普通なレベルじゃないでしょうか。でも、何事にも普通がカラスの極意ともいえますから、ひょっとしたら「カラス度も普通なのがカラスっぽい！」というメタ・カラスな人かもしれません。

おや、かなりカラス度が高い人です。お友達になれそうな気がします。もしかすると、同種と認めて縄張り争いをしてしまうかもしれませんが。

ひょっとして周囲から「カラスっぽい」と言われていませんか？　開き直って真っ黒な服で仕事に行きましょう。「っぽい」と囁かれるうちは嫌かもしれませんが、面と向かって「カラス」と言われてしまえば楽になるというものです。誰も言ってくれなければ自分でアピールしましょう。

もはや手遅れ……もとい、何も言うことはありません。どうぞ、そのまま大空に羽ばたいて下さい。上野か新宿あたりで早朝にお会いするかもしれませんが、その時はよろしく。

本書は二〇一三年一月に雷鳥社より刊行されました。

|著者|松原 始　1969年奈良県生まれ。京都大学理学部卒業。同大学院理学研究科博士課程修了。京都大学理学博士。専門は動物行動学。東京大学総合研究博物館勤務。研究テーマはカラスの生態、行動と進化。本書『カラスの教科書』の進化形として『カラスの補習授業』(雷鳥社)がある。「カラスに燃え、カラスに萌えるカラス馬鹿一代」を自称している。

カラスの教科書《きょうかしょ》
松原《まつばら》 始《はじめ》
© Hajime Matsubara 2016

講談社文庫
定価はカバーに
表示してあります

2016年3月15日第1刷発行

発行者——鈴木　哲
発行所——株式会社　講談社
東京都文京区音羽2-12-21　〒112-8001
電話　出版 (03) 5395-3510
　　　販売 (03) 5395-5817
　　　業務 (03) 5395-3615

デザイン—菊地信義
本文データ制作—講談社デジタル製作部
印刷———豊国印刷株式会社
製本———株式会社国宝社

Printed in Japan

落丁本・乱丁本は購入書店名を明記のうえ、小社業務あてにお送りください。送料は小社負担にてお取替えします。なお、この本の内容についてのお問い合わせは講談社文庫あてにお願いいたします。
本書のコピー、スキャン、デジタル化等の無断複製は著作権法上での例外を除き禁じられています。本書を代行業者等の第三者に依頼してスキャンやデジタル化することはたとえ個人や家庭内の利用でも著作権法違反です。

ISBN978-4-06-293357-5

講談社文庫刊行の辞

二十一世紀の到来を目睫に望みながら、われわれはいま、人類史上かつて例を見ない巨大な転換期をむかえようとしている。

世界も、日本も、激動の予兆に対する期待とおののきを内に蔵して、未知の時代に歩み入ろうとしている。このときにあたり、創業の人野間清治の「ナショナル・エデュケイター」への志を現代に甦らせようと意図して、われわれはここに古今の文芸作品はいうまでもなく、ひろく人文・社会・自然の諸科学から東西の名著を網羅する、新しい綜合文庫の発刊を決意した。

激動の転換期はまた断絶の時代である。われわれは戦後二十五年間の出版文化のありかたへの深い反省をこめて、この断絶の時代にあえて人間的な持続を求めようとする。いたずらに浮薄な商業主義のあだ花を追い求めることなく、長期にわたって良書に生命をあたえようとつとめるところにしか、今後の出版文化の真の繁栄はあり得ないと信じるからである。

同時にわれわれはこの綜合文庫の刊行を通じて、人文・社会・自然の諸科学が、結局人間の学にほかならないことを立証しようと願っている。かつて知識とは、「汝自身を知る」ことにつきていた。現代社会の瑣末な情報の氾濫のなかから、力強い知識の源泉を掘り起し、技術文明のただなかに、生きた人間の姿を復活させること。それこそわれわれの切なる希求である。

われわれは権威に盲従せず、俗流に媚びることなく、渾然一体となって日本の「草の根」をかたちづくる若く新しい世代の人々に、心をこめてこの新しい綜合文庫をおくり届けたい。それは知識の泉であるとともに感受性のふるさとであり、もっとも有機的に組織され、社会に開かれた万人のための大学をめざしている。大方の支援と協力を衷心より切望してやまない。

一九七一年七月

野間省一